Biologie für Anfänger

Wie Sie die Grundlagen der Biologie leicht verstehen und die Geheimnisse des Lebens endlich lüften – inkl. Evolutionstheorie

Malinde Bachmann

INHALT

Das erwartet Sie in diesem Buch

Bevor Sie in dieses Buch eintauchen, lehnen Sie sich noch einmal zurück, atmen Sie tief ein und werfen Sie einen Blick aus dem Fenster. Was sehen Sie? Sehen Sie Schmetterlinge, deren bunte Flügel im Sonnenlicht strahlen? Beobachten Sie vielleicht einen Vogel seine Eier ausbrüten? Blicken Sie auf Bienen, die gerade Blumen bestäuben oder regnet es vielleicht? Vermutlich ist der Blick aus dem Fenster für Sie bereits ein vertrauter Anblick und doch können Sie mir glauben, wenn ich Ihnen sage, dass genau dieser vertraute Anblick nach dem Lesen dieses

Buches ein anderer sein wird, denn in die Biologie einzutauchen bedeutet, alles aus einer anderen Perspektive zu betrachten, um zu verstehen, wieso unsere Erde so ist, wie sie ist, und wieso wir so sind, wie wir sind.

Dieses Buch beschäftigt sich mit den Grundzügen der Biologie. Und da die Biologie eine Wissenschaft ist, die sich mit Lebewesen beschäftigt, ist dieses Buch nicht nur geprägt von schlauen Theorien, klugen Naturwissenschaftlern und biologischen Prozessen, nein, vielmehr ist dieses Buch auch eine Geschichte über Sie! Biologie ist nichts, womit sich nur die Schüler in der Schule beschäftigen, worüber sich die Studenten in der Universität Vorlesungen anhören oder worüber die Forscher im Labor grübeln. Stattdessen ist Biologie das alltägliche Leben, das Sie und ich führen. Wenn Sie dieses Leben, Ihr Leben, auf einer ganz neuen Ebene näher kennenlernen wollen, dann ist dieses Buch genau das Richtige für Sie.

Was ist Biologie?

DEFINITION LEBEN – WAS SIND WIR?

Sie wissen sicherlich, dass Sie ein Lebewesen sind. Und mit Sicherheit wissen Sie auch, dass der Stuhl, auf dem Sie vielleicht gerade sitzen, kein Lebewesen ist. Aber haben Sie sich schon einmal Gedanken darüber gemacht, wieso Zellen Lebewesen sind, Viren aber nicht? Oder wieso Sie eines sind, der Stuhl aber nicht?

Nehmen Sie sich doch eine Minute Zeit, teilen Sie ein Blatt Papier in zwei Hälften auf und schreiben Sie auf der einen Hälfte alle Merkmale eines Stuhls auf, die Ihnen einfallen, und auf der anderen Hälfte alle Merkmale eines Menschen, die Ihnen in den Sinn kommen.

> Schlussfolgern Sie daraus, wie man den Begriff Lebewesen treffend definieren könnte.
>
> Ganz schön schwer, nicht wahr?

Wenn Sie über die Definition eines Lebewesens nachdenken, werden Sie merken, dass es aufgrund der Vielfältigkeit und der großen Unterschiede zwischen den einzelnen Lebewesen nicht so einfach ist, den Begriff des Lebewesens zu definieren. Auch Wissenschaftlern fiel das in der Vergangenheit nicht leicht und auch heute gibt es noch Unstimmigkeiten. Doch inzwischen haben sich Wissenschaftler auf eine Definition geeinigt. Die zentralen Merkmale eines Lebewesens sind demnach:

- Reizbarkeit (Wahrnehmung von Reizen und die Fähigkeit, auf sie zu reagieren)
- Fähigkeit zur Fortpflanzung und damit zur Vermehrung
- Wachstum und Entwicklung
- Bewegung und Beweglichkeit (intern und extern)
- Wechselwirkungen mit der Umwelt durch einen Stoff- und Energiewechsel
- die Tatsache, dass Lebewesen von der Umwelt abgegrenzte Stoffsysteme sind.

Der Mensch besitzt all diese Fähigkeiten und ist somit ganz eindeutig ein Lebewesen. Die kleinste Einheit eines Lebewesens ist die Zelle. Es gibt also auch zwischen den Lebewesen scheinbar sehr große Unterschiede. Aber alle Lebewesen haben mehr gemeinsam, als man auf den ersten Blick vermuten würde.

Was denken Sie, wie groß die genetische Übereinstimmung zwischen uns Menschen und den Schimpansen sind? Die Antwort finden Sie am Ende dieses Kapitels.

Das Leben, wie wir es auf der Erde kennen, beruht auf der DNA und begann vor etwa 4 Milliarden Jahren, sich auf der Erde zu entwickeln. Die DNA ist die Bauanleitung für den Körper und befindet sich in den Zellen. Sowohl mit der DNA als auch mit der Entstehung von Leben werden wir uns in den folgenden Kapiteln noch genauer befassen.

Bis auf sehr wenige Ausnahmen haben alle Lebewesen, auch Kleinstlebewesen wie Bakterien, den gleichen genetischen Code und erzeugen aus 4 Nukleotiden und 20 Aminosäuren verschiedene Nukleinsäuren und Proteine, die eine Grundvoraussetzung für unser irdisches Leben sind.

Mit all dem beschäftigt sich die Biologie. Biologen setzen sich also grob gesagt mit allen lebenden Systemen und ihren jeweiligen Erscheinungsformen, mit der Entstehung und der Entwicklung des Lebens, mit den Wechselwirkungen zwischen verschiedenen lebenden Systemen untereinander und mit der Umwelt sowie mit den Vorgängen, die in lebenden Systemen vonstattengehen, auseinander.

ENTSTEHUNG DES LEBENS – WIESO SIND WIR?

Leben ist ein selbst herstellendes, selbst erhaltendes und fortpflanzungsfähiges System und somit etwas sehr Komplexes. Die Frage nach der Entstehung des Lebens ist eines der größten Rätsel der Menschheit, mit dem sich Naturwissenschaftler und Naturforscher schon seit langer Zeit auseinandersetzen. Bisher gibt es nur Theorien, doch jede Theorie hat ihre Schwachstelle und ihre Probleme. Es ist lediglich klar, dass der Beginn des irdischen Lebens vor etwa vier Milliarden Jahren seinen Lauf nahm, doch wie das geschah, ist eine bislang unbeantwortete Frage.

1953 versuchte der Student Stanley Miller der Frage nach der Entstehung des Lebens auf den Grund zu gehen, indem er die Umweltbedingungen auf der Erde von vor vier Milliarden Jahren in einem Glasgefäß nachstellte. 1953 war bereits bekannt, dass es zu diesen Zeiten, vor vier Milliarden Jahren, auf der Erde Riesenozeane gegeben haben muss. Diese stellte Miller nach, indem er einen Teil des Glasgefäßes mit Wasser füllte. Um den Wasserkreislauf, mit dem wir uns noch in einem der folgenden Kapitel näher beschäftigen werden, nachzustellen, nutzte Miller eine Heizung und eine Kühlanlage. Durch die hohen Temperaturen der Heizung verdampfte das Wasser, wechselte also aus dem flüssigen in den gasförmigen Zustand. Die Kühlanlage wiederum bewirkte, dass das verdampfte Wasser wieder kondensierte, also von dem gasförmigen Zustand zurück in den flüssigen Zustand überging. Außerdem dachte Miller, dass die Ur-Atmosphäre höchstwahrscheinlich aus einem Gasgemisch der Gase Ammoniak, Methan und Wasserstoff bestand und leitete deshalb diese drei Gase ebenfalls in sein Glasgefäß ein. Nun hatte er also die Ur-Erde von vor vier Milliarden Jahren in einem kleinen Gefäß nachgestellt. In dem Gasgemisch der Ur-Atmosphäre zündete Miller elektrische Entladungen, welche die Blitze eines Gewitters simulieren sollten, wie sie es damals auf der Erde gab. Diese Blitze lieferten nämlich Energie, die für chemische Reaktionen, also für die Umwandlung eines Stoffs in einen anderen Stoff, gebraucht wird. Mit seinem Experiment wollte Miller herausfinden, ob unter den damaligen Umweltbedingungen aus den vorhandenen Stoffen Wasser beziehungsweise Wasserstoff, Ammoniak und Methan neue Stoffe gebildet werden können, und lies seinem Versuch deshalb mehrere Tage Zeit, damit die Stoffe entsprechend reagieren konnten, ehe er das Wasser untersuchte. Bei dieser Untersuchung des Wassers stellte Miller fest, dass sich dort Aminosäuren gebildet hatten. Aminosäuren sind einer der wichtigsten Bestandteile aller Lebewesen und die Tatsache, dass diese sich unter den nachgestellten Umweltbedingungen gebildet hatten, zeigte Miller, dass aus den einfachen Gasen Wasserstoff, Methan und Ammoniak Aminosäuren entstehen können und damit also die Bausteine des Lebens. Er schlussfolgerte daraus also, dass unter den vor vier Milliarden Jahren vorherrschenden Umweltbedingungen recht gut Leben entstehen konnte.

Doch leider hatte Stanley Miller mit seiner Vorstellung über die Ur-Atmosphäre, bestehend aus Ammoniak, Methan und Wasserstoff, Unrecht und als man seinen Versuch mit realistischeren Bedingungen und einer anderen Atmosphäre wiederholte, entstanden dabei leider keine Aminosäuren.

Eine mögliche weitere Theorie, wie das Leben auf der Erde wohl begonnen haben mag, ist die „Panspermie-Theorie". Diese Theorie geht davon aus, dass vor etwa vier Milliarden Jahren Kometen als Lebensspender auftraten. Demnach ist das Leben nicht auf der Erde entstanden, sondern in ganz anderen Regionen des Weltalls. Das Leben wurde also lediglich mithilfe von Kometen aus dem Weltall zu uns auf die Erde gebracht. Für diese Theorie spricht die Tatsache, dass die gemeinten Kometen zum großen Teil aus Eis bestehen. Wenn somit widerstandsfähige Bakterien konserviert und zugleich von kosmischer Strahlung des Weltalls, die für uns Lebewesen sehr schädlich wäre, wenn sie nicht von der Atmosphäre abgehalten werden würde, geschützt werden und dieser Komet dann auf unsere Erde traf, kann es sein, dass so die ersten Bakterien auf der Erde landeten. Diese Bakterien könnten sich dann zu höheren Konstrukten bis hin zu den heutigen Lebewesen entwickelt haben. Allerdings beantwortet diese Theorie nicht, wie das Leben entstanden ist, sondern lediglich, wieso es Leben auf der Erde gibt.

Zumindest sind sich die meisten Forscher und Wissenschaftler inzwischen einig, dass das Leben im

Wasser entstanden sein muss. Doch auch hier gibt es mehrere Probleme. Eines davon ist eine elementare Problematik der „Ursuppe", dem Riesenozean, der damals die Erde bedeckte, denn durch die starken Gezeiten war dieser Ozean so aufgewühlt und unruhig und diese Tatsache stellt ein Hindernis bei der Entstehung des Lebens dar. Um das zu verstehen, müssen wir uns ein wenig in die chemische Richtung bewegen. Der Mensch besteht, wie alles andere auch, aus Molekülen, also Zusammenschlüssen von Atomen. Manche davon sind riesig und bestehen aus unzähligen Atomen, andere wiederum sind sehr klein und zählen gerade einmal zwei Atome. Auch Aminosäuren, die, wie wir bereits wissen, eine zentrale Rolle bei Lebewesen einnehmen, sind große Moleküle, die sich nur bilden können, wenn mehrere andere Moleküle und Atome sich zusammenschließen. Diesen Ablauf des Zusammenschließens nennt man eine chemische Reaktion. Wasser zum Beispiel geht aus einer chemischen Reaktion des Sauerstoffs mit Wasserstoff hervor. Damit eine solche chemische Reaktion ablaufen kann, müssen die Stoffe, die miteinander reagieren, in unmittelbarer Nähe voneinander sein.

Stellen Sie sich an dieser Stelle zur Vereinfachung einen Magneten und ein Metallkügelchen vor, das von dem Magneten angezogen werden kann. Wenn sich Magnet und Metallkugel in der Nähe befinden, dann ziehen sie sich an und ergeben ein größeres Gebilde. Wenn die Entfernung von Magnet und Metallkugel allerdings zu groß ist, ziehen sie sich nicht mehr an und bleiben somit jeder für sich.

Das gleiche Prinzip gilt in der Ursuppe. Damit chemische Reaktionen zur Bildung von Aminosäuren ablaufen können, müssen die entsprechenden Moleküle, die zusammen die Aminosäuren bilden können, nah beieinander sein. Das sind sie allerdings nicht, wenn die Ursuppe ein so aufgewühlter Ozean ist, bei dem ständig alles durcheinander gebracht wird, anstelle eines seichten und ruhigen Gewässers. Stanley Miller kam deshalb zu der Schlussfolgerung, dass das Leben nur in zeitweise ausgetrockneten Tümpeln entstanden sein konnte, denn nur dort würden sich die entsprechenden Moleküle so konzentrieren und ansammeln können, dass somit bedeutungsvolle chemische Reaktionen ablaufen.

Doch Millers Theorie erklärt noch lange nicht alles. Bis heute weiß niemand, wie genau das Leben entstanden ist. Einer der Gründe, wieso das so schwer zu erfassen ist, liegt darin, dass die ersten Lebewesen nur sehr kleine Organismen waren, die weder Schalen noch Skelette hatten. Es gibt also keine Fossilien, die man untersuchen könnte, was die Forschung natürlich erheblich erschwert.

Evolution

CHARLES DARWIN – DER STÄRKSTE GEWINNT!

Charles Robert Darwin ist einer der wichtigsten Namen im Zusammenhang mit der Evolution, den man unbedingt kennen sollte. Er wurde 1809 in England geboren. Schon von klein auf begeisterte er sich für die Natur und setzte sich gern mit dem Verhalten und den Eigenschaften verschiedener Tier- und Pflanzenarten auseinander. Nach seinem Abitur schlüpfte er 1825 in die Fußstapfen seines Vaters und begann ein Medizinstudium. Doch bereits während der ersten zwei Jahre des Studiums verbrachte er mehr Zeit am Meer, um Seetiere zu sammeln, als in der Universität. Mangels Interesse brach er schließlich sein Medizinstudium ab, um

Theologie zu studieren. Sein zweites Studium führte er zwar zu Ende, doch seine Leidenschaft galt nicht der Theologie, sondern der Naturphilosophie und der Geologie. So wurde er im Jahr 1831 zu einer Reise mit dem Vermessungsschiff „Beagle" der britischen Marine eingeladen, das vor allem die Küste Südamerikas vermessen sollte.

Bis 1836 verbrachte Darwin seine Zeit auf der Beagle und bereiste auf dem etwa 30 Meter langem Schiff Patagonien, Feuerland und weitere Länder und Inseln der Südhalbkugel. Während seiner Reise beschäftigte er sich den Großteil seiner Zeit mit dem Sammeln und Identifizieren von Käfern, entdeckte sein Interesse für Botanik und brachte unzählige Pflanzen-, Tier- und Gesteinsproben für Forschungszwecke mit. Seine vielen Beobachtungen zu dem Verhalten und den Eigenschaften von Pflanzen und Tieren hielt er in Notizbüchern fest. Diese Weltreise bildet im Jahr 1835 den Grundstein für seine berühmte Evolutionstheorie, denn in diesem Jahr führte die Reise Darwins auf die zu Ecuador gehörenden Galápagos-Inseln. Von diesen Inseln nahm er etliche Vögel mit, die er unter anderem für Zaunkönige, Schwarzdrosseln und Kernbeißer hielt. Doch, obwohl er ordentliche Mitschriften führte, schrieb er nicht auf, welchen Vogel er auf welcher Insel gefunden hatte.

Allgemein schenkte Darwin den faustgroßen Tieren auch keine allzu große Beachtung, denn er erkannte aufgrund ihrer unterschiedlichen Schnäbel keinen verwandtschaftlichen Zusammenhang zwischen ihnen. Erst später wurde ihm bewusst: Es handelt sich bei den Vögeln um verschiedene Finkenarten. Sie sind also enger miteinander verwandt als gedacht, lediglich einen großen Unterschied haben sie: ihren Schnabel. Manche von ihnen hatten dicke Schnäbel, die sich gut zum Nüsseknacken eigneten, andere wiederum hatten dünne, eher längliche Schnäbel, die sehr hilfreich zum Fangen von Insekten waren. So kam Darwin auf die Überlegung, dass die verschiedenen Finkenarten jeweils auf verschiedenen Galápagos-Inseln entstanden sein müssen, denn überall herrscht Nahrungsknappheit, was für die Tiere einen ständigen Kampf ums Überleben zur Folge hat. Diejenigen Vögel, die lange genug lebten, um Nachkommen zu haben, gebaren irgendwann zufälligerweise Finken mit etwas dickeren Schnäbeln. Diese Finken hatten dank ihrer Schnäbel einen großen Vorteil gegenüber ihre Artgenossen: Sie konnten Nüsse knacken und hatten dadurch ein größeres Angebot an Nahrung zur Verfügung als die anderen Finken, die sich nur von Samen ernähren konnten. Da die Überlebensrate der Finken mit dicken Schnäbeln höher ist als die der anderen Finken, haben diese im Durchschnitt mehr Nachkommen, wodurch die Population der Finken mit dickem Schnabel über Generationen hinweg langsam steigt und schließlich dominiert.

Auf einer anderen Galápagos-Insel, auf der es vielleicht mehr Insekten als Nüsse gibt, passiert Ähnliches. Es werden rein zufällig Finken mit besonders langen und dünnen Schnäbeln geboren, die sich ausgezeichnet zum Insektenfangen eignen. Diese Finken haben somit eine weitere Nahrungsnische für sich gewonnen und dadurch eine höhere Überlebensrate. Folglich haben sie mehr Nachkommen als die anderen Finken und ihre Population nimmt, genau wie die Population der Finken mit dicken Schnäbeln auf der anderen Insel, die Überhand. Darwin kommt aufgrund dieser Überlegungen zu der Schlussfolgerung, dass es ursprünglich eine Finkenart gab, die sich aufgrund ihrer Ausbreitung in unterschiedliche Lebensräume an die entsprechenden Umstände anpasste und so über Generationen hinweg neue Finkenarten bildete, die längere oder dickere Schnäbel haben.

Allgemein formuliert bedeutet dies, dass sich eine Tierart entsprechend den geografischen Gegebenheiten verändert, um sich den dort vorherrschenden Umweltbedingungen anzupassen. Die Umwelt tritt also als ein „unsichtbarer Züchter" auf und lässt nur jene Arten überleben und sich fortpflanzen, die sich an die Umgebung anpassen. Man spricht hier auch von der natürlichen Selektion. Der Begriff Selektion stammt vom lateinischen Wort selectio und bedeutet „Auslese". Bei der natürlichen Selektion handelt es sich also um eine Auslese an Lebewesen durch die Natur anhand der vorhandenen Umweltbedingungen. Die Lebewesen, deren Eigenschaften am besten zu den Umweltbedingungen ihres Lebensraums passen, haben also durch ihre höhere Überlebenschance eine höhere Fortpflanzungsquote. Die natürliche Selektion beruht also auf der Wahrscheinlichkeit, mit der ein Individuum sein Erbgut an die Folgegeneration weitergibt. Bezieht man dies auf Darwin und seine Finken, dann stellt man fest: Die Wahrscheinlichkeit der Finken mit besonders dicken oder besonders dünnen Schnäbeln, ihre Erbanlagen an die Folgegeneration weiterzugeben, ist aufgrund des erhöhten Speiseangebots vergleichsweise hoch. Das Überleben in der Natur läuft also ganz nach dem Motto „survival of the fittest" (= Überleben der Stärkeren).

Die Weltreise mit der „Beagle" und die Untersuchung der Finken sind die Grundlagen für Charles Darwins Lebenswerk, die Evolutionstheorie, worüber er in seinem Werk „the origin of species" (= über die Entstehung von Arten) schreibt. Allerdings hatte seine Theorie zu Lebzeiten großes Konfliktpotenzial, denn Darwin wendete seine Theorie über die Entstehung von Arten auch auf die Entwicklungsgeschichte des Menschen an und behauptete, wir Menschen seien mit den Affen verwandt, denn wir hätten dieselben Vorfahren und entwickelten uns lediglich anders.

Damit sorgte er in Kirchenkreisen für eine Welle der Empörung und wurde der Gotteslästerei beschuldigt, denn zu Darwins Lebzeiten war der Glaube vertreten, dass Arten einfach erschaffen worden wären und somit Gott zu verdanken seien. Darwins Evolutionstheorie besagt allerdings, dass die Entstehung von Arten auf naturwissenschaftlicher Basis geschieht und Arten sich entwickeln, anstatt erschaffen zu werden, womit er den Ansichten der Geistlichen fundamental widersprach. Aus Angst vor den Reaktionen der englischen Kirche und der Naturwissenschaftler veröffentlichte er sein Werk „the origin of species" erst sehr spät, im Jahre 1859, also erst knapp 25 Jahre nach seiner Reise zu den Galápagos-Inseln. Heute weiß man, dass Darwins Evolutionstheorie wahr ist, und dennoch wird sie auch heute noch von strenggläubigen Christen als Irrlehre betitelt. Charles Darwin ging als „Urvater der Evolutionstheorie" in die Geschichte ein, doch es gibt eine Frage, die er sich Zeit seines Lebens stellte und nicht beantworten konnte: Wie werden erworbene Eigenschaften weitervererbt? Mehr zur Vererbung erfahren Sie im nächsten Kapitel.

FOSSILIEN – ZEUGEN DER VERGANGENHEIT

Evolution bedeutet Entwicklung. Evolutionsbiologen beschäftigen sich also mit der Entwicklung verschiedener Lebensformen und wie könnte man diese Entwicklung besser erforschen als mit Vergleichen zwischen den alten Lebensformen und den heutigen Lebensformen auf der Erde? Für diese Vergleiche sind Fossilien unheimlich wichtig, denn Fossilien sind erhalten gebliebene Überreste von Pflanzen und Tieren aus lange zurückliegenden Zeiten. Meist sind es Überbleibsel des Lebewesens selbst oder dessen Abdruck in einem Gestein. Wenn man viele verschiedene Fossilien aus vielen verschiedenen Zeitaltern hat, kann man diese zu einem Stammbaum zusammenfügen und anhand dessen die Reihenfolge und die Geschwindigkeit des biologischen Entwicklungsprozesses erforschen. Durch Fossilien gelangen wir also der Evolution auf die Spur, sie sind für uns deshalb ein großes Geschenk der Natur. Doch ihre Wichtigkeit und ihre Aussagekraft wurden lange Zeit nicht erkannt, im Gegenteil: Um 1500 wurden Fossilien von einigen Gelehrten noch für Launen der Natur oder Schöpfungen des Bösen gehalten. Andere Gelehrten zur gleichen Zeit erkannten wiederum, dass Fossilien vermutlich Überreste von Tieren und Pflanzen darstellen und keine übernatürlichen Schöpfungen. Doch diese Vermutung setze sich nur sehr langsam durch und noch im 18. Jahrhundert glaubten einige gläubige Menschen, dass Fossilien die Hinterlassenschaften der biblischen Sintflut seien.

Inzwischen weiß man es allerdings besser und wir können vieles von den Fossilien und über die Fossilien lernen. Sie kennzeichnen Organismen früherer Zeitalter und beweisen die Stammesentwicklung von Pflanzen und Tieren. Sie sind somit Belege für Charles Darwins Evolutionstheorie und für seine Feststellung, dass Arten sich über lange Zeiträume hinweg entwickelt haben und nicht, wie von der Kirche angenommen, einfach von Gott erschaffen wurden.

Fossilien beweisen außerdem verwandtschaftliche Beziehungen verschiedener Organismen. So stellt zum Beispiel die Fossile des Urvogels Archäopteryx, die erstmals 1860 entdeckt wurde, das Brückenglied zwischen Reptilien und Vögeln dar. Damit ist Archäopteryx der Beweis für die verwandtschaftliche Beziehung zwischen den Organismen.

Eine große Herausforderung, vor die uns Fossilien lange stellten, ist es, ihr Alter zu bestimmen. Mittlerweile haben Wissenschaftler allerdings so exakte und zuverlässige Methoden entwickelt, dass es uns möglich ist, eine Altersbestimmung durchzuführen, die teilweise auf tausend oder sogar hundert Jahre genau ist. Für uns Menschen klingen Zeiträume von hunderten oder tausenden Jahren gigantisch, doch wir dürfen eines nicht vergessen: Den modernen Menschen als Art gibt es seit etwa 0,04 Millionen Jahren. Weichtiere hingegen, von denen wir inzwischen 40.000 Fossilien gefunden und überwiegend auch ihrem Erdzeitalter zugeordnet haben, lebten nachweislich schon seit den Anfängen der Erdfrühzeit. Das bedeutet, sie sind teilweise sogar 570 Millionen Jahre alt. Dass wir dank modernster und wissenschaftlich ausgefeilter Methoden das Alter der Fossilien aus einem Zeitraum von heute bis vor 570 Millionen Jahren auf tausend oder gar hundert Jahre genau bestimmen können, ist sagenhaft und wahrlich ein großer Erfolg.

Bei den erwähnten Weichtieren handelt es sich vor allem um Schnecken und Muscheln, aber auch um sogenannte Kopffüßler, zu denen unter anderem Tintenfische und Kraken gehören. Viele dieser Weichtiere haben ein sehr empfindliches Körpergewebe, das zum Schutz oder als Stützung in Schalen, Gehäusen oder anderen Hartteilen eingebettet ist. Diese Hartteile können in Gestein eingebettet sehr lange erhalten bleiben. Die daraus entstehenden Fossilien überdauern also sehr lange und können uns so zahlreiche Informationen über die Ernährung und die Lebensweise der Weichtiere liefern. Auch über die damaligen Umweltbedingungen, unter denen die Tiere auf der Erde lebten, lassen sich anhand der Fossilien Schlüsse ziehen.

Doch nicht nur aus den Hartteilen der Weichtiere können Fossilien entstehen. Es gibt zahlreiche verschiedene Fossilisationsprozesse, also Entstehungsarten von Fossilien. Daraus ergeben sich verschiedene Typen von Fossilien, wie zum Beispiel Versteinerungen, Abdrücke, Mumifizierungen, Einschlüsse und die Inkohlung. Versteinerungen werden wohl am häufigsten mit Fossilien in Verbindung gebracht, doch auch hier gibt es Unterschiede. Die klassische Versteinerung, die womöglich am meisten in unseren Vorstellungen vertreten ist, tritt auf, wenn ein totes Lebewesen oder eine Pflanze von einer Sedimentschicht, zum Beispiel aus Schlamm bestehend, bedeckt und somit luftdicht von der Außenwelt abgeschlossen wird. Durch die Abwesenheit von Luft verwest das entsprechende Lebewesen beziehungsweise die Pflanze nicht und kann auch nicht von Bakterien zersetzt werden. So bleibt es als Versteinerung über lange Zeiträume erhalten.

Doch es gibt auch Versteinerungen in Bernstein. Bernstein ist ein goldig glänzender und teils durchsichtiger Stein, der häufig für Schmuck verwendet wird, da er weitverbreitet für seine natürliche Schönheit geschätzt wird. Dieser Bernstein war allerdings ursprünglich flüssiges Baumharz, das erst mit der Zeit hart geworden, also „versteinert" ist. In dem klebrigen Baumharz schließen sich aber besonders oft Insekten oder Pflanzen ein, die dann mit dem Harz versteinert werden. Deshalb lassen sich heute viele Bernsteine finden, die in sich ein Insekt oder Teile einer Pflanze tragen.

Doch egal, welcher Typ eines Fossiles vorliegt, sie alle sind besonders und wichtig für wissen-schaftliche Arbeiten. Fossilen sind teilweise die einzigen Spuren vergangener Zeiten und können gelesen werden wie ein Geschichtsbuch. Sie sind Zeugen früherer Erdzeitalter und stellen einzigartige Dokumente der Natur dar. Ein Fossil ist also viel mehr als nur der versteinerte Abdruck einer Schnecke und seit wir das begriffen haben, wurde uns Menschen eine ganz neue Tür geöffnet. Eine Tür in die Vergangenheit, die wir nun nicht mehr schließen können und wollen.

Sie können sich auch ganz leicht ein eigenes Fossil erschaffen:

Alles, was Sie dafür brauchen, ist
- Vaseline
- Gipspulver
- Wasser
- Einen Behälter
- Fossil (z. B. eine Muschel, leere Schneckenschale oder Spielzeugdinosaurier)

1. Vermischen sie in dem Behälter das Gipspulver nach dem auf der Verpackung angegebenen Vorgehen mit Wasser.

2. Schmieren Sie Ihr Fossil mit Vaseline ein. Das ist wichtig, damit es später nicht am Gips festklebt.

3. Legen Sie Ihr Fossil in den Gips und drücken Sie es fest. Achtung: Das Fossil darf nicht so tief versinken, dass es aus dem getrockneten Gips nicht mehr gelöst werden kann!

4. Entfernen Sie das Fossil, wenn der Gips hart geworden ist.

Herzlichen Glückwunsch

MALINDE BACHMANN

Genetik

DNA – UNSERE BAUANLEITUNG

Sicherlich kennen Sie die Abkürzung DNA. Aber was ist das? DNA steht eigentlich für Desoxyribonukleinsäure und ist ein gigantisches Molekül, ein sogenanntes Makromolekül. Man kann sich die DNA vorstellen als eine Art Bauanleitung für den Körper, denn in ihr sind alle Informationen enthalten, die benötigt werden, um vom Blut bis zum Auge alle Teile eines Lebewesens herzustellen. Außerdem gibt die DNA nicht nur an wie, sondern auch wo und wann etwas hergestellt wird.

Die Struktur der DNA war lange Zeit ein Geheimnis. Gelüftet wurde es im Jahr 1953 von James Watson und Francis Crick, die für ihre Entschlüsselung der DNA 1962 den Nobelpreis für Medizin und für

Physiologie erhielten. Watson und Crick stellten fest, dass die DNA in ihrem Aufbau einer Doppelhelix entspricht, die aus zwei Einzelsträngen gebildet ist. Veranschaulicht sieht sie also aus wie eine Leiter, bestehend aus zahlreichen Sprossen, die von zwei Strängen zusammengehalten werden. Doch die Struktur ist nicht linear, sondern gedreht. Wie eine Leiter, die um eine gedachte Achse in ihrem Mittelpunkt schraubenförmig gewunden ist. Das ganze Konstrukt ist bei uns Menschen knapp zwei Meter lang und befindet sich im Zellkern. Kaum vorstellbar, nicht wahr?

Die beiden Stränge der Leiter stellen in Wirklichkeit eine abwechselnde Anordnung von Desoxyribose, einem Zucker, und Phosphat dar. Die Sprossen hingegen bestehen aus den organischen Basen Adenin, Thymin, Guanin und Cytosin. Jeweils zwei komplementäre Basen, Adenin und Thymin oder Guanin und Cytosin, bilden ein Basenpaar. Eine Sprosse der Leiter wird aus einem Basenpaar gebildet. Klingt kompliziert? Ist es auch! Der Aufbau der DNA ist so komplex, dass sie durch chemische oder physikalische Einflüsse sehr leicht beschädigt werden kann. Bis zu mehreren 10.000 solcher Schäden kann es in einer Zelle innerhalb eines Tages kommen. Weil die DNA allerdings so einen wichtigen Grundbaustein aller Menschen, Tiere,

Pflanzen und auch Bakterien bildet, können fehlerhafte Abschnitte der DNA fatale Folgen haben. Um dies zu vermeiden, gibt es zahlreiche Enzyme, die allein für die Reparatur der DNA verantwortlich sind. Aber auch hierbei können Fehler unterlaufen. Wenn es den Enzymen nicht gelingt, die DNA zu hundert Prozent korrekt wieder herzustellen, kommt es zu Mutationen, also zu Fehlern im Erbgut. Je nach Mutation sind die Auswirkungen dessen verschieden, doch sie haben immer Einfluss auf die weitere Funktion der Zelle. So kann es sein, dass die jeweilige Pflanze, das Tier oder der Mensch aufgrund der Mutation eine ungewöhnliche Eigenschaft hat. Im Allgemeinen möchte die DNA beziehungsweise die Enzyme für die Reparatur das natürlich vermeiden. Doch es gibt auch Mutationen, die sich positiv auf den Organismus auswirken. Im Kapitel der Evolution haben Sie von Darwins Evolutionstheorie erfahren. Ausgangspunkt für die Evolution sind Veränderungen im Erbgut von Lebewesen, die zu dessen Überleben von Vorteil sind. Diese Veränderungen können durch Mutationen hervorgerufen werden und wir lernen: Nicht jeder Fehler ist automatisch auch schlecht. Allerdings muss an dieser Stelle auch erwähnt werden, dass Schäden in der DNA auch weitaus negativere Folgen haben können, bis hin zu einer Lebensunfähigkeit.

DNA selbst basteln:

Um sich den Aufbau der DNA besser vorstellen zu können, ist es hilfreich, sie einfach zu basteln. Alles, was sie hierfür benötigen, sind Pfeifenreiniger aus dem Bastelladen. Am besten ist es, wenn Sie den Pfeifenreiniger in sechs verschiedenen Farben haben. Dann ordnen Sie jeweils einem der folgenden Be-standteile eine Farbe zu:

Desoxyribose, Phosphat, Cytosin, Thymin, Adenin, Guanin

Nun geht es ans Basteln.

1. Der Strang:

Nehmen Sie den Pfeifenreiniger in der Farbe für Desoxyribose und Phosphat zur Hand und halten Sie diese parallel aneinander, damit sich die Enden berühren. Dann fangen Sie an einem Ende an und zwir-beln beide Pfeifenreiniger vollständig umeinander. Am Ende sollten Sie also beide Pfeifenreiniger zu einem zweifarbigen, spiralförmig gemusterten Strang vereinigt haben. Diesen Vorgang machen Sie zweimal. Die beiden erhaltenen Stränge stellen die Außenstränge der DNA dar.

2. Die Basenpaare

Die Basenpaare sind die Sprossen der Leiter, welche die beiden eben angefertigten Außenstränge miteinander verbinden. Deshalb sind diese um einiges kürzer. Zerschneiden Sie also die Pfeifenreiniger der vier Basen Guanin, Adenin, Thymin und Cytosin in fünf gleich lange Teile. Am Ende sollten also 20 kurze Stücke in vier verschiedenen Farben auf dem Tisch liegen.

3. Die Struktur

Da Adenin und Thymin ein Basenpaar bilden und Cytosin und Guanin das andere, nehmen Sie die fünf kurzen Stränge in der Farbe, die Adenin darstellt, und in der Farbe des Cytosin, sowie einen der im ersten Schritt angefertigten Stränge zur Hand. Befestigen Sie abwechselnd Adenin und Cytosin an dem langen Strang, sodass es am Ende aussieht wie eine halbe Leiter. Besonders gut funktioniert das, wenn Sie die kürzeren Stränge der Basen dazu um den äußeren Strang wickeln. Aber Achtung: Sie dürfen es nicht komplett umwickeln, denn es muss noch ein gutes Stück überstehen.

Das Ganze machen Sie auch noch mit den Basen Thymin und Guanin und dem anderen langen Strang. Hier müssen Sie allerdings darauf achten, dass die beiden „halben Leitern" am Ende miteinander verbunden werden.

Wenn Sie also beim ersten Strang mit Adenin angefangen haben, müssen Sie beim zweiten Strang mit Thymin anfangen, da diese beiden Basen ein Basenpaar bilden.

Jetzt sollten Sie zwei lange Stränge mit jeweils zehn abstehenden kurzen Strängen haben, die aussehen wie zwei halbe Leitern. Diese legen Sie jetzt aneinander und kleben Sie dann zusammen. Hierfür können Sie einen Klebestreifen verwenden. Ihre DNA sollte jetzt aussehen wie eine bunte Leiter. Dieses leterar-tige Konstrukt halten Sie nun an beiden Enden fest und drehen die Enden langsam in entgegengesetzte Richtungen, sodass es eine oder zwei Umdrehungen erhält. Das ist die Helix Struktur.

Herzlichen Glückwunsch, Sie haben jetzt ein DNA-Modell selbst gebaut!

VERERBUNG –
DIE MENDELSCHEN REGELN

Unter Vererbung versteht man die Weitergabe genetischer Informationen von Lebewesen an ihre Nachkommen. Ein wichtiger Fachbegriff, den man bezüglich

Vererbung kennen sollte, ist Allel. Ein Allel ist eine mögliche Zustandsform beziehungsweise eine mögliche Ausprägung eines Gens. Eine Person kann zum Beispiel ein Allel für blaue Augen und ein Allel für braune Augen besitzen. Beide Merkmale, die blauen und die braunen Augen, sind also möglich. Aber was heißt das? Wenn die Person ein Allel für braune Augen und eines für blaue Augen hat, bekommt sie dann im Endeffekt eine Mischfarbe? Oder ein braunes und ein blaues Auge? Die Antwort ist: Die Person hat braune Augen. Wieso das so ist, erklären die Mendelschen Gesetze der Genetik.

Die Mendelschen Gesetze, oder auch die Mendelschen Regeln genannt, wurden nach Johann Gregor Mendel benannt. Mendel war nicht, wie man an dieser Stelle vielleicht annehmen würde, explizit im Bereich der Genetik tätig. Er studierte zwar neben Theologie auch Naturwissenschaften, trat dann allerdings als Mönch dem Augustinerkloster in Brünn bei und leitete dort den Klostergarten, in dem regelmäßig Versuche und Forschungsprojekte durchgeführt wurden. In diesem Klostergarten führte er ab 1855 Experimente mit Pflanzen durch, deren Ergebnisse 1865 einen wesentlichen Beitrag zur Erforschung der Vererbung beitrugen.

Mendels Experimente beschäftigten sich mit der Vererbung. Dazu überlegte er sich, wie er möglichst effektiv den verschiedenen Erbgängen auf die Spur kommen kann. Er entschied sich schließlich für Versuche mit der Erbsenpflanze, denn diese ist sehr pflegeleicht, da sie wenig Licht und Wasser benötigt und eine kurze Generationszeit hat, also eine kurze Zeitspanne zwischen zwei aufeinanderfolgenden Generationen.

Wieso hat Mendel für seine Versuche nicht zum Beispiel eine Kuh gewählt? Die Antwort finden Sie am Ende des Buches.

Mendel erkannte, dass Erbsen, genau wie Menschen immer zwei Kopien jedes Erbmerkmals haben. Ein Allel davon stammt von der Vaterpflanze und das andere von der Mutterpflanze. Und das Zusammenspiel dieser Allele bestimmt das Aussehen der aus der Kreuzung von Mutter- und Vaterpflanze entstehenden Pflanze.

Bei seinen Versuchen konzentrierte Mendel sich auf die Farbe der Blüte der Erbsenpflanze. Er kreuzte eine Erbsenpflanze mit reinerbig roten Blüten mit einer Erbsenpflanze mit reinerbig weißen Blüten. Reinerbig bedeutet, dass die rote Blüte aus zwei Allelen für rote Farbe und die weiße Blüte aus zwei Allelen für weiße Farbe gebildet wurde. Das wird später noch wichtig werden. Nachdem er diese beiden Erbsenpflanzen miteinander gekreuzt hatte, entstanden daraus Erbsenpflanzen mit roten Blüten. Das mag verwundern, denn die Tochter-Pflanze hat jeweils ein Merkmal für weiße Blüten und eines für rote Blüten vererbt bekommen. Mischt man rot und weiß, so entsteht eigentlich rosa, aber wieso sind die Blüten dann rot? Wohin ist das Weiß verschwunden? Die Antwort lautet: Es ist nicht verschwunden. Die Tochter-Pflanze hat sowohl das Merkmal der weißen Blüte in sich als auch das der roten. Mendel zieht daraus den Schluss, dass dies nur bedeuten kann, dass die rote Farbe sich gegenüber der weißen durchsetzt, also dominant ist. Die weiße Farbe hingegen ist rezessiv und wird von der roten Farbe unterdrückt. Vereinfacht gesagt ist Rot also schlichtweg stärker als Weiß und deswegen ist die Blütenfarbe der Tochter-Pflanze rot.

Kommen wir also noch einmal auf die Augenfarbe zurück und beantworten die Frage, wieso eine Person braune Augen hat, obwohl sie jeweils ein Merkmal für braune Augen und eines für blaue Augen hat. Finden

Sie die Antwort? Die Lösung steht am Ende des Buches.

Kommen wir also zurück zu Mendel und seinen Erbsenpflanzen. Bei dem beschriebenen Erbgang handelt es sich um einen rezessiv-dominanten Erbgang, denn ein Merkmal ist rezessiv und eines ist dominant. Wenn man sich das Ganze bei der Wunderblume, einer anderen Pflanze, anschaut, so erhält man aus der Kreuzung einer Wunderblume mit roten Blüten mit einer anderen Blume mit weißen Blüten eine Tochter-Blume mit rosa Blüten. Was zeigt uns das? Die rote Farbe dominiert nicht immer automatisch die weiße Farbe. In diesem Fall der Wunderblume ist die rote Farbe nämlich nicht dominant, die weiße ebenso nicht. Man spricht hierbei von einem intermediären Erbgang, einem Erbgang, bei dem kein Allel das andere unterdrückt. Umgangssprachlich ausgedrückt kann man also sagen, dass beide Allele, also beide Merkmale, gleichwertig sind.

Was allerdings beim intermediären Erbgang und beim rezessiv-dominanten Erbgang gleich ist, ist die Tatsache, dass alle Pflanzen der Tochtergeneration dieselbe Blütenfarbe aufweisen, beim rezessiv-dominanten Erbgang rot, beim intermediären rosa. Man sagt auch, sie haben den gleichen Phänotyp, also das gleiche Erscheinungsbild. Daraus ergibt sich das erste Gesetz, das Mendel aufstellte, die Uniformitätsregel. Die Uniformitätsregel besagt: „Kreuzt man zwei reine Rassen einer Art miteinander, so zeigen die direkten Nachkommen das gleiche Aussehen."

Bei einem Mendelschen Gesetz ist es allerdings nicht geblieben, auf die Uniformitätsregel folgen noch zwei weitere. Eine davon ist die Spaltungsregel und diese besagt: „Kreuzt man die Mischlinge (Tochtergeneration) untereinander, so spaltet sich die Enkelgeneration in einem bestimmten Zahlenverhältnis auf. Dabei treten Merkmale der Elterngeneration wieder auf."

Um das zu verstehen, beziehen wir uns wieder auf die Erbsenpflanze und erinnern uns daran, dass die Elterngeneration reinerbig war. Das bedeutet, ein Elternteil hat die Merkmalskombination rot-rot und der andere Elternteil trägt die Kombination weiß-weiß in sich. Nun ergeben sich für die Tochtergeneration, wenn man jeweils ein Merkmal der Vaterpflanze mit einem Merkmal der Mutterpflanze kreuzt, nur die Kombinationsmöglichkeit weiß-rot. Jede Erbsenpflanze der Tochtergeneration trägt also die Merkmalskombination weiß-rot in sich. Da es sich, wie wir bereits wissen, um einen rezessiv-dominanten Erbgang handelt, erscheinen alle Blüten rot. Kreuzt man nun zwei Erbsenpflanzen der Tochtergeneration miteinander, so kreuzt man, wenn man dies auf der Ebene der Genetik betrachtet, die Merkmalskombination weiß-rot mit der Merkmalskombination weiß-rot. Nun erhält die Enkelgeneration jeweils ein Merkmal von der Vaterpflanze mit der Merkmalskombination weiß-rot und ein Merkmal von der Mutterpflanze mit der Merkmalskombination weiß-rot. Zum besseren Verständnis nehmen Sie sich ein Blatt Papier und einen Stift zur Hand und schreiben Sie nebeneinander „weiß-rot" und „weiß-rot" auf.

weiß-rot   x   weiß-rot

Nun suchen wir jede mögliche Kombinationsmöglichkeit, welche die Merkmale einer Pflanze der Enkelgeneration haben kann. Dazu nehmen Sie Ihren Stift und verbinden Sie jedes Merkmal der Vaterpflanze mit jedem Merkmal der Mutterpflanze und schreiben Sie sich jede daraus entstehende Merkmalskombination auf. Wenn Sie das korrekt gemacht haben, sollten folgende Kombinationen auf Ihrem Blatt stehen:

weiß-weiß weiß-rot rot-weiß rot-rot

Und jetzt überlegen wir uns vor dem Hintergrund, dass es sich hierbei um einen rezessiv-dominanten Erbgang handelt, welche Farbe die Blüten der Erbsenpflanze bei jeder der vier möglichen Merkmalskombination haben könnte. Zur Erinnerung: Rot ist hierbei die dominante Farbe, Weiß die rezessive.

Das Ergebnis:

Merkmalskombination	Farbe der Blüte
Weiß-rot	Rot
Rot-weiß	Rot
Rot-rot	Rot
Weiß-weiß	weiß

Bei den Merkmalskombinationen weiß-rot und rot-weiß erscheint die Blüte rot, denn Rot dominiert Weiß. Die Blüte ist allerdings nicht reinerbig, da sie zwei verschiedene Allele, nämlich weiß und rot, enthält. Bei der Kombination rot-rot ist die Farbgebung der Blüte klar: Sie ist reinerbig Rot, denn die Farbe wird durch zwei gleiche Allele bestimmt. Das Gleiche ist bei der Kombination weiß-weiß der Fall. Auch hier handelt es sich um eine reinerbig weiße Blüte. Fassen wir dieses Ergebnis zusammen, so sehen wir Folgendes:

> Die Blütenfarbe der Enkelgeneration ist zu 75 % rot und zu 25 % weiß.

Und das, obwohl alle Pflanzen der Tochtergeneration rot waren! Voraussetzung für dieses Ergebnis ist, dass in der Elterngeneration eine reinerbig weiße Pflanze mit einer reinerbig roten Pflanze gekreuzt wird.

> Falls Sie wissen wollen, welchen Phänotyp, also welches Aussehen, die Tochter- und Enkelgeneration hat, wenn die Elterngeneration nicht reinerbig ist, dann nehmen Sie wieder Blatt und Stift zur Hand und finden Sie es heraus! Sie wissen jetzt schließlich, wie es geht. Und wenn Sie das Ganze in Bezug auf Ihre eigene Blutgruppe machen wollen, dann wartet am Ende des Kapitels eine Anleitung auf Sie.

Eine dritte und letzte Regel hat Mendel noch aufgestellt, die sogenannte Unabhängigkeitsregel. Hierfür untersuchte er die Vererbung zweier Merkmale, der Farbe und der Form der Samen, anstatt sich nur auf ein

Merkmal zu konzentrieren. Er kreuzt eine gelbe, runde Erbse mit einer grünen, kantigen Erbse und stellt dabei fest: Die Tochtergeneration hatte runde und gelbe Früchte, doch bei der Enkelgeneration bildete sich eine neue Erbsenart, nämlich gelbe, eckige Erbsen und grüne, runde Erbsen. Anhand dieser Beobachtung stellt Mendel die Unabhängigkeitsregel auf. „Kreuzt man zwei Rassen, die sich in mehreren Merkmalen unterscheiden, so werden die einzelnen Erbanlagen unabhängig voneinander vererbt. Diese Erbanlagen können sich neu kombinieren."

Die Ergebnisse seines Forschungsprojektes teilte Mendel 1865 in einem Vortrag mit dem „Naturforschenden Verein in Brünn". 1866 teilte er seine Erkenntnisse über die Vererbung in dem Werk „Versuche über Pflanzen-Hybride" mit der Öffentlichkeit, wobei er während seines Lebens nicht die Anerkennung und positive Resonanz erhielt, die ihm aus heutiger Sicht zustehen. Mendel zögerte zu Beginn, seine gewonnenen Kenntnisse über die Kreuzungen von Erbsenpflanzen auch auf Mensch und Tier zu übertragen, und heute wissen wir, dass es tatsächlich einige Ausnahmen gibt, auf die sich die Mendelschen Gesetze der Genetik nicht anwenden lassen. Dennoch haben sie einen zentralen Beitrag zu unserem heutigen Wissensstand im Bereich der Vererbung geleistet und als „Vater der Genetik" bleibt Mendel unvergessen.

Vererbung von Blutgruppen: Auch Blutgruppen werden nach rezessiv-dominantem Erbgang vererbt. A und B sind hierbei dominant, 0 ist rezessiv. Möglich sind also die Merkmalskombinationen AA und A0, was die Blutgruppe A ergibt, BB und B0, was die Blutgruppe B ergibt, 00 ergibt die Blutgruppe 0 und AB, da A und B beide dominant sind, ergibt die Blutgruppe AB. Mit diesem Wissen können Sie ganz einfach über das zuvor beschriebene Verfahren herleiten, mit welcher Wahrscheinlichkeit Sie welche Blutgruppe haben. Alles, was Sie dafür kennen müssen, sind die Blutgruppen Ihrer Eltern.

Beispiel:
Blutgruppe Mutter: A0, Blutgruppe Vater: B0
Blutgruppen miteinander kreuzen: A0 x B0
Kombinationsmöglichkeiten aufschreiben:
AB, A0, B0, 00

Daraus ergeben sich die Blutgruppen: AB, A, B, 0
Ergebnis: Das Kind hat:
- zu 25 % Blutgruppe AB

- zu 25 % Blutgruppe A
- zu 25 % Blutgruppe B
- zu 25 % Blutgruppe 0

MUTATIONEN – SIND SIE IMMER SCHLECHT?

Im Kapitel zur Evolutionstheorie haben wir gelernt, dass die Natur eine Auslese, die natürliche Selektion, vornimmt, bei der diejenigen Lebewesen einen Vorteil haben, die zufälligerweise Veränderungen im Erbgut haben, die sich positiv auf ihr Überleben auswirken. Das nennt man Mutationen. Doch Mutationen sind nicht immer gut. Im Gegenteil, die meisten von ihnen schaden dem betroffenen Organismus.

Geprägt wurde der Begriff der Mutation von dem niederländischen Botaniker und Genetiker Hugo de Vries. Im Jahre 1903 hat er die Mutationstheorie für Pflanzen aufgestellt und damit erstmals auf diese Thematik aufmerksam gemacht. De Vries war außerdem einer der Wiederentdecker der Mendelschen Regeln, die, wie wir bereits im vorherigen Kapitel gelernt haben, zu Beginn kaum Anerkennung ernten konnten.

Heute wissen wir, dass Mutationen sich in vielerlei Hinsichten unterscheiden. Mutation ist also nicht gleich Mutation und Mutant, also der mit einer Mutation betroffene Organismus ist nicht gleich Mutant. Was alle Mutationen aber gemeinsam haben, ist, dass sie dauerhafte Veränderungen des Erbgutes sind. Es liegen dann also Veränderungen in der DNA eines Organismus vor, die zu einer unüblichen phänotypischen Erscheinung führen können, aber nicht führen müssen.

In Bezug auf ihre Ursache unterscheidet man grob zwei verschiedene Arten der Mutationen. Danach gibt es zum einen die Spontanmutationen und zum anderen die induzierten Mutationen. Spontanmutationen sind unberechenbar und unvorhersehbar. Sie erfolgen meist aufgrund von Fehlerhaftigkeiten der DNA, die von den für die Reparatur zuständigen Enzymen nicht behoben werden. Der genaue Grund beziehungsweise die Ursache für diese Art von Mutation ist nicht bekannt. Induzierte Mutationen hingegen werden durch äußere Einflüsse hervorgerufen. Sie werden zum Beispiel durch Röntgenstrahlung, durch schädliche Chemikalien oder durch Schwermetalle verursacht. Arbeiter, die damit regelmäßig in Kontakt geraten und sich nicht angemessen davor schützen können, haben demnach ein größeres Risiko für eine solche Mutation. Durch häufigen Kontakt mit bestimmte Strahlungen kann zum

Beispiel Hautkrebs hervorgerufen werden und bei einem entsprechendem Umgang mit Schwermetallen können Nierenerkrankungen auftreten.

Man kann die Mutationen allerdings auch nach anderen Kriterien unterscheiden. So unterteilt man zum Beispiel im Hinblick auf die Erblichkeit in Keimbahnmutationen und somatische Mutationen.

Keimbahnmutationen beschreiben vererbbare Veränderungen des Erbgutes einer Keimzelle, der Eizelle oder der Samenzelle. Da die Änderung der DNA also in den Geschlechtszellen liegt, kann diese Art der Mutation in jeder Zelle der Nachkommen gefunden werden, denn sie wird vererbt. Zur Keimbahnmutation kommt es bei 20 % der genetischen Störungen.

Das Gegenstück zur Keimbahnmutation ist die somatische Mutation. Die somatische Mutation wirkt sich nur auf den Organismus aus, in dem sie stattfindet. Sie wird nicht an die Nachkommen weitervererbt, denn die somatische Mutation befindet sich in den Körperzellen, nicht wie die Keimbahnmutation in den Geschlechtszellen. Am häufigsten wird diese Art der Mutation durch Umweltfaktoren wie bestimmte Chemikalien oder UV-Strahlung hervorgerufen.

Doch egal, nach welchen Kriterien man Mutationen unterteilt, sie klingen eigentlich immer abschreckend und werden von den meisten Menschen sofort mit etwas Negativem und Schädlichem in Verbindung gebracht. Das ist allerdings nicht zwangsläufig der Fall, denn neben negativen Folgen von Mutationen gibt es auch neutrale oder gar positive Folgen.

Eine Mutation mit neutralen Folgen wird oft auch als stille oder stumme Mutation bezeichnet. Das rührt daher, dass viele Mutationen Veränderungen in Abschnitten der DNA hervorrufen, die keine Konsequenzen auf den jeweiligen Organismus haben. Man bemerkt sie also nicht direkt. Das ist zum Beispiel der Fall, wenn die von einer Mutation betroffene Stelle der DNA keine genetisch relevanten Informationen in sich trägt. Weil man Mutationen häufig nur erkennt, weil man ihren Auswirkungen auf den Grund geht, bleiben neutrale Mutationen häufig unbemerkt. Daher weiß niemand genau, wie viele Menschen tatsächlich von neutralen Mutationen betroffen sind. Es gibt allerdings in Forschungskreisen die bislang noch sehr umstrittene Hypothese, dass die meisten genetischen Veränderungen keine erkennbaren Auswirkungen haben und somit neutrale Mutationen sind.

Neben diesen stillen Mutationen gibt es noch jene, die sich negativ auf den betroffenen Organismus auswirken. Meist sind dies besonders große

Veränderungen im Erbgut, die sich oft nachteilig auf den Stoffwechsel auswirken oder Fehlbildungen zur Folge haben. Beispiele für Mutationen, welche negative Auswirkungen für den Organismus haben oder sogar die Lebenserwartung massiv verkürzen können, sind die Sichelzellenanämie, eine Blutkrankheit, die Mukoviszidose, die Rot-Grün-Schwäche, Albinismus und die Bluterkrankheit, also eine Krankheit, bei der quasi keine Blutgerinnung erfolgt.

Dann gibt es noch jene Mutationen, die positive Folgen für den Organismus haben, und ich darf Sie an das Kapitel der Evolutionstheorie erinnern, denn dort ging es unter anderem um die natürliche Selektion, also eine Auslese der Natur ganz nach dem Motto „der Stärkste gewinnt". Und der Stärkste ist das Lebewesen mit den besten Chancen zu überleben. Wir hatten uns dazu das Beispiel mit den Finken der Galápagos-Inseln angesehen. Nachdem erst alle Finken unscheinbare Schnäbel hatten und aufgrund der Nahrungsknappheit auf der Insel stark um ihre Nahrung konkurriert haben, wurden irgendwann zufällig Finken mit besonders dickem Schnabel geboren. Dieser Zufall beruht auf einer Veränderung des Erbguts, also einer Mutation, die dafür sorgt, dass der Schnabel der betroffenen Finken besonders dick wird. Diese Finken hatten Glück, denn ihr einmaliger Schnabel eignete sich ausgezeichnet zum Nüsseknacken, wodurch sie mehr Nahrung zur Verfügung hatten und somit eher überleben und sich fortpflanzen konnten. Diese Mutation war für die Finken also von großem Vorteil.

Deshalb sind Mutationen einer der Faktoren, welche die Evolution in Gang bringen, und somit verantwortlich sind für die Entwicklung des Lebens sowie für die Artenvielfalt, die wir heute auf der Erde haben. Ein weiteres Beispiel für positive Mutationen ist folgendes: In den Savannen Afrikas wachsen gut und gern Akazienbäume. Diese Bäume sind typisch für die Savanne. Sie haben einen langen Stamm und erst am oberen Ende des Stammes beginnen die Blätter zu wachsen. Die Baumkrone ist also nicht so rund und nah am Boden, wie wir es von unseren Bäumen in den deutschen Wäldern kennen, sondern sehr flach und nur am oberen Ende des Stammes. Um sich von den Blättern des Akazienbaums ernähren zu können, müssen die Bewohner der Savanne deshalb entweder sehr gut klettern können, oder ... sie haben einen verdammt langen Hals! Natürlich sind es die Giraffen, die sich dank ihrer langen Hälse ausgezeichnet von den Blättern der Akazienbäume ernähren können. Je länger der Giraffenhals ist, umso besser. Die Giraffen, die also durch eine

Mutation mit einem etwas längerem Hals als ihre Mit-
giraffen zur Welt kamen, haben also aus evolutionsbi-
ologischer Sicht einen klaren Überlebensvorteil, denn
sie kommen viel besser an die hohen Blätter der Aka-
zien. Sie genießen also die positiven Folgen ihrer Mutation. Zwar haben Mutationen eher selten gute Auswirkungen auf den Organismus, aber wenn eine positive Mutation erfolgt ist, trägt der Prozess der natürlichen Selektion dazu bei, dass diese positive Mutation
sich in einer Population aufgrund des Vorteils, den sie
für den Organismus mit sich bringt, sehr gut ausbreiten kann.

Bei negativen Mutationen ist das Gegenteil der
Fall. Hier ist es so, dass häufig der Überlebenskampf
immens erschwert wird oder ein Überleben in der
freien Wildbahn und ohne medizinische Versorgung
nicht möglich ist. Die Träger negativer Mutationen
sterben also entweder sofort, deutlich früher als ihre
gesunden Artgenossen oder sie haben unter den gleichen Umweltbedingungen einen viel härteren Überlebenskampf. Durch die natürliche Selektion wird also
diese negative Mutation ausgelesen und kann sich deshalb viel schlechter ausbreiten als eine positive Mutation, denn die Natur lässt ihr keinen Raum zum Überleben – survival of the fittest!

Ökologie

NAHRUNGSKETTE – WER FRISST WEN?

Kennen Sie das Märchen von Rotkäppchen und dem bösen Wolf? Falls nicht, ist das nicht schlimm, denn es reicht, den Titel zu kennen und daraus zu schließen, dass der Wolf als der Böse dargestellt wird. Haben Sie schon einmal einen Artikel in der Zeitung gelesen oder einen Bericht im Radio oder Fernsehen verfolgt, der davon handelte, dass ein Wolf eine Schafsherde angegriffen hat? Falls ja, haben Sie sich über den bösen Wolf geärgert, der die hilflosen Schafe angreift? Wenn das der Fall ist, sind Sie damit nicht allein, denn zahlreiche Jäger legten es in der Vergangenheit darauf an, die Wölfe zu erlegen, und taten das auch mit Erfolg. Inzwischen ist die

Wolfspopulation in Deutschland so sehr geschrumpft, dass Wölfe kaum mehr anzutreffen sind.

Lassen wir das mal so stehen und widmen uns einem anderen Fakt: Zwischen den letzten beiden Waldinventuren in Deutschland in den Jahren 2002 und 2012 ist das Alter des Waldes im Durchschnitt um viereinhalb Jahre gestiegen. 77 Jahre alt ist der deutsche Wald also inzwischen durchschnittlich. Es gibt demnach mehr alte Wälder als junge Wälder in Deutschland. Natürlich gibt es dafür vielerlei Gründe, aber haben Sie geahnt, dass einer davon etwas mit der abnehmenden Wolfspopulation zu tun hat, die ich Ihnen soeben erläutert habe? Der Hintergrund davon ist recht einfach: Auf der Nahrungsliste der Wölfe stehen Rehe weit oben. Der durchschnittliche Wolf erlegt innerhalb eines Jahres etwa 60 Rehe. Rehe wiederum ernähren sich von Gräsern und Blättern, knabbern allerdings auch gern an jungen Bäumen, wodurch diese stark beschädigt oder vollständig zerstört werden. Es schadet also der Entwicklung neuer Wälder mit jungen Bäumen, wenn sich übermäßig viele Rehe dort herumtreiben. Da wir Menschen aber so viele Wölfe getötet haben, haben die Rehe nun einen Fressfeind weniger und folglich steigt ihre Population. Darunter leiden aber die jungen Bäume, die den Rehen als Nahrung dienen, denn da es jetzt mehr Rehe gibt, wird mehr Nahrung benötigt, und die jungen Bäume müssen dafür herhalten. Ist der Wolf also so böse?

Solche Nahrungsbeziehungen in einem Ökosystem, wie in der Beziehung zwischen den Wölfen, den Rehen und den jungen Wäldern, werden vereinfacht in einer Nahrungskette dargestellt. Diese Nahrungskette beantwortet die Frage, wer wen frisst und wer von wem gefressen wird. Jedem Tier wird also durch die Nahrungskette ein Nahrungsmittel sowie ein Fressfeind zugeordnet. Betrachten wir das Ganze an einem Beispiel: Pflanzen, Raupen, Frösche und Raubvögel bilden eine Nahrungskette. Die Raubvögel fressen die Frösche, die Frösche fressen die Raupen und diese wiederum ernähren sich von den Pflanzen. Die Pflanzen stehen am Ende der Nahrungskette, denn diese fressen keine weiteren Pflanzen oder Tiere. Sie sind die Produzenten. Raupe, Frosch und Raubvogel haben alle Einfluss darauf, wie viele Pflanzen es gibt, denn wenn es viele Raubvögel gibt, fressen diese sehr viele Frösche, von denen dann folglich nur noch eine geringe Population übrig bleibt. Darüber freuen sich die Raupen, denn da die Frösche ihr Fressfeind sind, gibt es bei geringer Froschpopulation eine höhere Raupenpopulation. Auf die Pflanzen wirkt sich das allerdings negativ aus, denn diese werden von den zahlreichen Raupen gefressen.

Gibt es hingegen nur wenig Raubvögel, dann werden weniger Frösche gefressen. Die Froschpopulation bleibt also recht hoch, braucht viel Nahrung und frisst viele Raupen. Da dadurch nur wenige Raupen übrig bleiben, werden weniger Pflanzen von ihnen gefressen. Raupe, Frosch und Raubvogel sind in dieser Nahrungskette alles Konsumenten, denn sie fressen jeweils andere Lebewesen oder Pflanzen.

Obwohl durch die Nahrungskette die Zusammenhänge zwischen den einzelnen Nahrungsbeziehungen verschiedener Lebewesen und Pflanzen dargestellt werden können, sagen sie nur begrenzt etwas über die ökologische Realität aus, denn die meisten Lebewesen ernähren sich nicht nur von einem Nahrungsmittel, sei es Tier oder Pflanze, sondern von mehreren, ebenso wie der überwiegende Teil der Tiere und Pflanzen mehr als einen Fressfeind hat, also von mehr als einem anderen Lebewesen gefressen wird. Deshalb sind Nahrungsketten nur starke Vereinfachungen der ökologischen Realität. Wenn diese Vereinfachung nicht genügt, so stellt man Nahrungsnetze auf, in denen die Nahrungsbeziehungen mehrdimensional dargestellt werden. Doch diese sind dadurch auch um einiges umfassender und komplizierter zu verstehen.

BIOTISCHE UND ABIOTISCHE FAKTOREN – BELEBTES UND UNBELEBTES

Biotische und abiotische Faktoren umfassen jeweils verschiedene Elemente, die sich gegenseitig beeinflussen und in einem Ökosystem in ständiger Wechselwirkung stehen. Die biotischen Faktoren sind alle belebten Elemente in einem Ökosystem, die sich durch Wechselwirkungen oder Interaktionen beeinflussen. Belebte Elemente sind in diesem Falle die Lebewesen und somit beschreiben die biotischen Faktoren die Beziehungen zwischen Lebewesen. Dabei kann man zwei verschiedene Beziehungen unterscheiden: Zum einen die Interspezifischen und zum anderen die Intraspezifischen. Interspezifische Beziehungen finden zwischen verschiedenen Arten statt. So stehen zum Beispiel Wölfe und Rehe in einer Räuber-Beute-Beziehung, wobei der Wolf der Räuber und das Reh die Beute ist. Das Verhältnis zwischen den Lebewesen kann hierbei sowohl positiv als auch negativ sein. In diesem Fall der Räuber-Beute-Beziehung zwischen Wolf und Reh wirkt sich dieses Verhältnis positiv für den Wolf aus, denn dieser kommt so an seine Nahrung und muss nicht hungern. Für das Reh hingegen ist die Beziehung negativ, denn es wird vom Wolf gejagt und muss daher ständig auf der Hut sein.

Eine andere Art der interspezifischen Beziehung kann zwischen einem Tier und einem Krankheitserreger, zum Beispiel Bakterien oder Parasiten, sein. Hier wirkt sich die Beziehung negativ auf das Tier aus, das von einem Krankheitserreger befallen wird, denn es wird krank und kann womöglich daran sterben. Für den Krankheitserreger hingegen ist es, abhängig davon, um welchen es sich genau handelt, positiv oder neutral.

Eine intraspezifische Beziehung ist zwischen Individuen einer Art, also zum Beispiel zwischen zwei Rehen oder innerhalb eines Rudels Wölfe. Das Verhältnis kann auf sozialen Verbänden beruhen, wie es in dem Wolfsrudel der Fall ist, oder auf Sexualpartnerschaften, um sich fortzupflanzen. In beiden Fällen wirkt sich das Verhältnis auf die Beteiligten positiv aus.

Sowohl in interspezifischen Beziehungen als auch in intraspezifischen Beziehungen kann es zu Konkurrenz kommen. Dies geschieht, wenn verschiedene Lebewesen ähnliche Bedürfnisse und Lebensansprüche an zum Beispiel Nahrung, Revier oder Nistplätze haben, also eine ähnliche oder sich überschneidende ökologische Nische bewohnen. Wenn beispielsweise eine Nahrungsknappheit besteht, steigert das die Konkurrenz enorm, denn natürlich möchte keiner verhungern. Die unterlegene Art beziehungsweise das unterlegene Individuum versucht allerdings, die Konkurrenz zu umgehen und passt entsprechend ihre Ansprüche an Nahrung an und weicht gegebenenfalls auf eine andere Nahrungsnische aus. Für alle Parteien wirkt sich der Konkurrenzkampf negativ aus.

Abiotische Faktoren umfassen nicht belebte Bestandteile eines Ökosystems, die untereinander oder auch mit lebenden Organismen in Wechselwirkung oder Interaktion stehen. Beispiele für nicht belebte Bestandteile, also abiotische Faktoren, sind die Temperatur, das Vorkommen und die Zusammensetzung von Wasser (Salzwasser/Süßwasser), Licht, Klima und die Beschaffenheit des Bodens. Nehmen wir uns das Licht als abiotischen Faktor und betrachten die Auswirkungen dessen: Mit Licht ist in diesem Fall das Sonnenlicht gemeint und es hat sowohl auf lebende Elemente, also Lebewesen, einen Einfluss als auch auf unbelebte Elemente wie Pflanzen. Bei Tieren beeinflusst das natürliche Licht der Sonne ihren Tag- und Nachtrhythmus sowie ihre Aktivität und ihren Stoffwechsel. Bei Pflanzen hingegen hat das Vorhandensein des Sonnenlichts Einfluss auf die Fotosynthese. Damit werden wir uns in einem der folgenden Kapitel noch näher beschäftigen.

WASSERKREISLAUF – DIE REISE EINES WASSERTROPFENS

Um den natürlichen Wasserkreislauf näher kennenzulernen, begeben wir uns als Wassertropfen auf eine Reise durch den Kreislauf. Doch bevor wir das tun, klären wir, von welchem Wasser wir überhaupt sprechen, denn Wasser gibt es nicht nur im Meer, See oder Fluss, sondern auch in Form von Luftfeuchtigkeit, Grundwasser im Boden, Quellen, Eisbildung in Gewässern und im Hochgebirge (Gletscher), Abfluss in die Gewässer und Niederschlag als Regen, Schnee oder Hagel.

Dem natürlichen Wasserkreislauf nähern wir uns mit einem Gedankenexperiment an. Alles, was Sie dafür tun müssen, ist es, sich vorzustellen, dass Sie und ich ein Wassertropfen sind.

Da es ein Kreislauf ist, spielt es keine Rolle, an welcher Stelle wir starten. Deshalb nehmen wir uns als Ausgangspunkt das Meer und stellen uns vor, dass wir als Wassertropfen, also im flüssigen Zustand, im weiten Ozean schwimmen. Eigentlich würden wir dort für immer und ewig bleiben, wenn es nicht die Sonne gäbe, denn ihre Strahlungswärme bringt den Wasserkreislauf in Gang. Wir schwimmen an der Wasseroberfläche des Meeres und werden deshalb permanent von der Sonne angestrahlt. Durch die Strahlung der Sonne erhalten wir als Wassertropfen Energie in Form von Wärme, also Wärmeenergie. Unsere Temperatur steigt durch diese Wärme. Als Folge dessen steigen wir nun langsam auf und entkommen dem Meer, denn Wasser geht bei Erhitzung vom flüssigen in den gasförmigen Zustand über, es verdunstet also.

Auch wir sind verdunstet. Wir sind nun folglich keine Wassertropfen mehr, sondern Wasserdampf mit einer so geringen Dichte, dass wir nach oben schweben. Wir sind also vom Ozean in die Erdatmosphäre gelangt. Damit sind wir aber nicht allein, denn noch viele andere ehemalige Wassertropfen steigen nun als Wasserdampf in die Lüfte hinauf. Weil wir diesen Weg aber nicht endlos fortsetzen können, sammeln wir uns irgendwann mit dem anderen Wasserdampf zusammen und werden von einer Wolke aufgenommen. Auf dieser Wolke sitzen wir jetzt, aber nicht mehr als Wasserdampf, sondern wieder als winzige Wassertropfen.

Mit unserer Wolke schweben wir nun über dem Meer, lassen es schließlich hinter uns und überfliegen eine Landmasse. Aber weil wir mit so vielen anderen Wassertropfen auf der Wolke sitzen, werden wir ihr irgendwann zu schwer und sie lässt uns fallen. Zusammen fallen wir als Regen in Richtung Boden. Wenn es sehr kalt ist, bilden wir keinen Regen, sondern Schnee oder Hagel. Aber heute ist es warm und wir bilden einen Regen. Aber da die Wolke nicht stehen bleibt, sondern während des Regens weiter schwebt, wirft sie uns und die anderen Wassertropfen an unterschiedlichen Stellen ab.

Einige Wassertropfen gelangen so auf den Boden, sickern in ihn ein und dringen auf diesem Weg zum Grundwasser vor. Andere landen ganz in der Nähe auf einer Wiese mit vielen bunten Blumen. Dort werden sie von den Pflanzen aufgenommen und verdunsten, steigen so wieder in den Himmel auf und fallen erneut als Niederschlag zurück auf die Erdoberfläche, beginnen also ihren Kreislauf wieder von vorn. Wir hingegen werden über einem Fluss abgeworfen, in dem wir schließlich auch landen. Ein paar andere Wassertropfen, die mit uns in dem Fluss gelandet sind, wurden ziemlich bald durch die Strahlungswärme der Sonne erneut verdunstet und beginnen ihren Kreislauf so erneut. Wir hingegen bleiben ein wenig länger in dem Fluss und werden von der Strömung mitgerissen. So erfahren wir auch, wozu es diesen Fluss überhaupt gibt: Er sammelt auf unserem Weg durch die Landschaft viele Wassertropfen ein, die als Niederschlag und dadurch entstehende kleine Rinnsale in unserer Umgebung sind und nimmt sie mit auf seinen Weg. Dabei durchquert der Fluss auch ein etwas kälteres Gebiet und an der Wasseroberfläche des Flusses wird es so kalt, dass wir schnell in die Tiefe tauchen. Das war auch gut so, denn einige der Wassertropfen, die an der Oberfläche geblieben sind, erfrieren. Das heißt, sie gehen von dem flüssigen in den festen Zustand über und bilden eine Eisschicht. Nach einer Weile gelangen wir allerdings wieder in ein wärmeres Gebiet und die Eisschicht schmilzt wieder.

Irgendwann gelangen wir so mit der Strömung des Flusses an eine Mündung. Hier hört der Fluss auf und endet in einem Meer. Manchmal endet er auch in einem See, aber wir landen heute in einem Meer. Dort bleiben wir eine Weile, bis es zu warm wird, da die Sonne uns anstrahlt. Wir gehen von den flüssigen in den gasförmigen Zustand über und verdunsten. Kommt Ihnen diese Situation bekannt vor? Die

Verdunstung im Meer war unsere Ausgangslage und wir beginnen den Wasserkreislauf von vorn.

Das war es mit unserer Reise als Wassertropfen. Wir haben viele andere Wassertropfen getroffen und die Wahrscheinlichkeit, dass wir sie wiedersehen, ist zwar nicht allzu hoch, aber auch nicht bei null, denn der Wasserkreislauf ist ein ewiger Kreislauf. Kein einziger Wassertropfen geht je verloren, lediglich sein Aggregatzustand ändert sich. Die drei möglichen Aggregatzustände sind fest, flüssig und gasförmig. Wasser in festem Aggregatzustand nennt sich Eis, im flüssigen Aggregatzustand heißt es ganz einfach Wasser und im gasförmigen Aggregatzustand spricht man von Wasserdampf.

Das Wasser kann weder verbraucht noch vermehrt werden. Es wird immer die gleiche Wassermenge auf der Erde sein, doch wie kann das sein, dass trotz dessen der Wasserspiegel aufgrund des Klimawandels steigt, obwohl doch die Wassermenge gleich bleibt, ebenso wie das Gleichgewicht von Verdunstung und Niederschlag? Das liegt ganz einfach daran, dass das Wasser im festen Zustand, also in Form von Eis, viel dichter komprimiert wird. Die einzelnen Teilchen sind deshalb viel näher beisammen. Die Dichte ist also höher als bei flüssigem Wasser und viel höher als bei

Wasserdampf. Wenn ein Liter flüssiges Wasser also zu einem Eisklotz gefriert, braucht es viel weniger Platz als der eine Liter der Flüssigkeit. Wenn das Wasser hingegen verdunstet, breitet sich der Wasserdampf aus und verbraucht so viel mehr Raum als die Flüssigkeit.

Aufgrund des Klimawandels kommt es zu einer Erderwärmung. Als Folge schmelzen die Polkappen sowie zahlreiche Gletscher und werden zu flüssigem Wasser. Dieses flüssige Wasser fließt in die Gewässer und verbraucht viel mehr Platz, als das gefrorene Eis es zuvor verbrauchte. Dadurch steigt der Meeresspiegel an, denn irgendwohin müssen sich die Wassermassen schließlich ausbreiten.

Doch, zurück zum Wasserkreislauf. Das Naturgesetz, dass das Wasser auf unsere Erdoberfläche, in der Erdatmosphäre und der oberen Schichte der Erdrinde weder vermehrt noch verbraucht werden kann, kann auch der Mensch nicht ändern. Wenn der Mensch also Wasser für seinen eigenen Bedarf aus dem natürlichen Wasserkreislauf entnimmt, geschieht auch das in einem Kreislauf, denn alles Wasser, das wir konsumieren, vom Trinkwasser über das Duschwasser bis hin zum Wasser für die Spülmaschine, gelangt als Abwasser in eine unterirdische Kanalisation. Von dort aus wird es in eine Kläranlage geleitet, dort gereinigt und in den natürlichen Wasserkreislauf zurückgeleitet.

62

wird es in eine Kläranlage geleitet, dort gereinigt und in den natürlichen Wasserkreislauf zurückgeleitet.

Die kleinsten Einheiten

ZELLEN – SIND SIE LEBEWESEN?

Zellen sind so winzig, dass sie den ehrenhaften Titel der kleinsten Einheiten des Lebens tragen. Obwohl sie im Durchschnitt nur einen Durchmesser von einigen Mikrometern haben und damit nur mithilfe eines Mikroskops zu sehen sind, gibt es sogar eine eigene Wissenschaft, die sich nur mit ihnen beschäftigt: die Zellbiologie. Die Zellen sind für die Wissenschaftler so interessant, weil sie die Grundbausteine aller Lebewesen bilden. Sie bestehen aus Zellen, ich bestehe aus Zellen und auch Tiere und Pflanzen bestehen aus Zellen.

Bereits 1665 entdeckte Robert Hooke mit einem Mikroskop erstmals Zellen im Kohl und anschließend in anderen Pflanzen. Doch da diese Zellen so verschiedene Vorkommen haben, gibt es erhebliche Unterschiede in ihrer Form, Funktion und der Größe. So kann ihre Form zum Beispiel die eines Quaders, einer Kugel oder eines Zylinders sein. Sie lassen sich außerdem in pflanzliche und tierische Zellen einteilen.

Doch die allgemeinen Fähigkeiten sind in jeder Zelle gleich. Zwei der Fähigkeiten sind der Stoffwechsel und der Energiewechsel, beides davon haben auch wir Menschen. Außerdem können Zellen sich durch Zellteilung reproduzieren und sich dadurch vermehren. Die Zellteilung funktioniert so, dass sich eine Mutterzelle in zwei oder mehrere Tochterzellen aufteilt, wobei sie den Tochterzellen alle nötigen Bestandteile kopiert und so weitergibt. Nach der Zellteilung ist also die Mutterzelle auf ihre beiden Tochterzellen aufgeteilt. Wie oft die Zellteilung bei einer Zelle abläuft, ist unterschiedlich und hängt von der Art der Zelle ab. Manche teilen sich alle paar Stunden, andere alle paar Tage und wieder andere teilen sich noch deutlich seltener.

Neben der Zellteilung besitzen Zellen auch die Fähigkeit, Reize wahrzunehmen. Somit können sie abiotische Faktoren wie zum Beispiel die Temperatur oder das Angebot an Nahrung wahrnehmen und entsprechend darauf reagieren. Aber auch biotische Faktoren, wie beispielsweise Fressfeinde, bleiben den Zellen nicht unbemerkt. Auch haben Zellen die Möglichkeit der Bewegung, sowohl intern als auch extern, sowie die Möglichkeit des Wachstums und der Entwicklung.

Fällt Ihnen anhand der Fähigkeiten der Zellen etwas auf? Kommen Ihnen diese Fähigkeiten bekannt vor? Wenn Sie während des ersten Kapitels über das Leben aufmerksam waren, dann fällt Ihnen sicherlich auf, dass die Fähigkeiten der Zellen den Fähigkeiten entsprechen, die Lebewesen ausmachen. Zellen stecken also nicht nur in Lebewesen drin, sondern sind auch eigene Lebewesen für sich. Manche von ihnen sind Einzeller, bleiben also für sich allein als Zelle, andere schließen sich mit weiteren Zellen zu einer funktionierenden Einheit zusammen. In diesem Falle spricht man von Mehrzellern oder Vielzellern. Hierfür ist allerdings die Zellwand wichtig, durch die die Zellen sich gegenseitig voneinander abgrenzen, denn obwohl sich Zellen mit anderen zu einer Einheit zusammenschließen können, bleibt jede von ihnen ein eigenes und unabhängiges System. Aber auch Einzeller haben diese Zellwand, denn sie ist nicht nur wichtig, um sich abzugrenzen, sondern verleiht der Zelle auch ihre Form und Festigkeit und damit ihre Stabilität.

Die Festigkeit und die Form der Zelle sind auch für Pflanzen sehr wichtig, denn damit eine Pflanze gesund ist, braucht sie Zellen, die sich so vollgesaugt haben, dass sie prall sind und ihre Form so beibehalten. Nur mit dieser Stabilität in den Zellen steht der Stängel der Pflanze aufrecht und sie lässt ihren Kopf nicht hängen. Damit die Zellen sich vollsaugen können, benötigt die Pflanze viel Wasser und Nährstoffe. Bei Trockenheit durch ausbleibenden Regen oder zu seltenes Gießen sterben die meisten Pflanzen deshalb ab und knicken ein.

Auch, wenn die Zellen selbst schon winzig klein sind, bestehen sie aus Bestandteilen, die noch um ein Vielfaches kleiner sind. Neben der Zellwand, der Zellmembran, die man sich wie eine sehr dünne und wasserdurchlässige Haut vorstellen kann, und dem Zellkern, der das Erbgut beherbergt, gibt es noch zahlreiche weitere Bestandteile. Einer der vielen Bestandteile, die den Aufbau einer Zelle ausmachen, sind die Chloroplasten. Die Chloroplasten werden in dem Kapitel über die Fotosynthese noch einmal vorkommen, denn ihre Hauptfunktion dient diesem Prozess. Genau genommen, vereinigen sich in den Chloroplasten bestimmte Bausteine und Elemente, die den grünen Farbstoff Chlorophyll herstellen, der für die Fotosynthese so wichtig ist. Außerdem verleiht Chlorophyll als Farbstoff den Pflanzen ihre grüne Farbe. Das alles findet in den lediglich etwa fünf bis sechs Mikrometer langen Chloroplasten statt, die außerdem noch über eine eigene DNA verfügen, welche die Form eines Ringes hat.

Ebenfalls wichtig für die Zellen sind die Mitochondrien. Diese sind nur etwa einen Mikrometer lang, sind für den Fettabbau zuständig und produzieren Energie in Form von ATP. Aufgrund dieser Energieproduktion spricht man bei den Mitochondrien auch von den Kraftwerken der Zellen.

Sie sehen also, obwohl die Zellen unvorstellbar klein sind, haben sie eine enorme Wichtigkeit und sind die Grundvoraussetzung für unser Leben. Wenn die Zellen krank sind, sind auch wir krank, und es ist deshalb für alle Lebewesen besonders wichtig, gesunde Zellen zu haben.

MALINDE BACHMANN

BAKTERIEN – WOFÜR BRAUCHT MAN SIE?

Gerade zu Zeiten der Corona-Pandemie haben Sie sicherlich schon einmal den Hinweis bekommen, sich gründlich die Hände zu waschen, um Viren und Bakterien loszuwerden. Was ist jetzt aber, wenn ich Ihnen sage, dass Sie Ihre Bakterien nie loswerden können? Ein 70 Kilogramm schwerer, etwa 25 Jahre alter Mann von 170 Zentimetern Größe besitzt im Schnitt etwa 39 Billionen Bakterien. Eine unheimlich hohe Zahl, die man sich kaum vorstellen kann: Eine Billion sind zehn Milliarden, also eine eins mit zwölf Nullen. Und das Ganze 39-mal. Da Bakterien bekanntermaßen Krankheitserreger sind, erscheint diese immens hohe Anzahl an Bakterien natürlich schlecht. Aber ich verrate Ihnen etwas: Dieser 70 Kilogramm schwere Mann ist trotz seiner 39 Billionen Bakterien kerngesund. Wie geht das? Nun, Bakterien sind nicht nur schlecht. Es gibt sogar zahlreiche gesundheitsfördernde Bakterien. Bevor wir allerdings krankheitserregende Bakterien und gesundheitsfördernde Bakterien näher unterscheiden, beschäftigen wir uns zuerst einmal damit, was Bakterien sind.

Bakterien gehören zu den sogenannten Einzellern. Sie sind also Lebewesen, die genau aus einer einzigen Zelle bestehen. Trotz dessen sind sie Selbstversorger, denn sie haben einen eigenen Stoffwechsel und produzieren alles, was sie zum Überleben brauchen, selbst.

Außerdem kommen sie so gut wie überall vor: im Wasser, auf Gegenständen, im und auf dem Boden, in Organismen und auch auf und in uns Menschen. In dicht besiedelten Stellen des menschlichen Körpers tummeln sich auf einem Quadratzentimeter, also ungefähr der Fläche eines großen Zehs, mehrere Milliarden von Bakterien! Solche Stellen mit besonders hoher Bakteriendichte sind etwa die Stirn oder die Zone unter den Achseln. Alleine in der menschlichen Darmflora gibt es rund 400 verschiedene Bakterienarten, wohingegen sich auf Armen und Beinen nur einige tausend Bakterien befinden.

Wie wir im letzten Kapitel über die Zellen gelernt haben, gibt es die sogenannte Zellteilung. Da Bakterien Einzeller sind, vermehren auch sie sich über die Zellteilung. Etwa alle 20 Minuten, also dreimal pro Stunde, teilt sich ein Bakterium. So können sehr schnell sehr viele Bakterien entstehen, denn zu Beginn gibt es ein Bakterium. Dieses teilt sich nach zwanzig Minuten in zwei Bakterien. Beide dieser Tochterbakterien teilen sich wiederum nach zwanzig Minuten in jeweils zwei weitere Bakterien. Mit jeder Zellteilung wird also die Population der Bakterien verdoppelt. Der Fachbegriff hierfür ist exponentielles Wachstum. Wenn man sich die Bakterienpopulation anhand einer Kurve anschaut, würde diese erst sehr langsam steigen, denn zu Beginn gibt es nur ein Bakterium, das sich in zwei teilt, aber irgendwann gibt es tausend Bakterien und jede dieser tausend Bakterien teilt sich durch zwei. Nach zwanzig Minuten gibt es also schon zweitausend Bakterien, nach weiteren zwanzig Minuten schon viertausend. Die Kurve der Bakterienpopulation steigt also rasant an.

Doch trotz der hohen Anzahl an Bakterien haben wir mit bloßem Auge keine Chance, eine Gruppe von Bakterien zu sehen, denn die meisten Bakterien sind nicht größer als fünf Mikrometer. Wir befinden uns also im mikroskopischen Bereich und benötigen demnach Mikroskop, wenn wir die Bakterien sehen wollen. Wenn man sie unter einem Mikroskop genauer beobachtet, stellt man fest, dass Bakterien nicht alle nur winzige Punkte sind, sondern verschiedene Formen haben. Es lassen sich vor allem vier Gruppen mit jeweils anderen Formen einteilen. Die Kokken, welche kugelförmige Bakterien sind, die Stäbchen, deren Form man direkt am Namen erkennen kann, die Vibrionen, die in etwa die Form einer Erdnuss haben, und Spirillen, also spiralförmige Bakterien. Doch nicht nur in ihrer Form, sondern auch in ihrer Lebensweise und in ihrer Funktion unterscheiden sich Bakterien sehr stark.

In Bezug auf ihre Lebensweise könnte man Bakterien in sehr viele unterschiedliche Gruppen unterteilen, da es unzählbar viele Bakterien gibt, die sich an allen möglichen Orten befinden und dementsprechend unterschiedlich leben. Man unterteilt sie jedoch nur in zwei Gruppen. Zum einen gibt es die Bakterienarten, die nur im aeroben Bereich überleben, zum anderen gibt es Arten, die wiederum nur im anaeroben Bereich überleben. Aerob und anaerob sind Fachbegriffe und hängen mit dem Vorhandensein von Sauerstoff zusammen. Der aerobe Bereich ist ein Bereich, in dem ausreichend Sauerstoff zur Verfügung steht. Die jeweiligen Bakterienarten können also nur überleben, wenn genügend Sauerstoff vorhanden ist. Im anaeroben Bereich hingegen ist kein Sauerstoff vorhanden. Die Bakterien im anaeroben Bereich sind deshalb darauf ausgerichtet, nur ohne Sauerstoff leben zu können. Allerdings gibt es auch Mischformen beider Gruppen. Das sind dann Bakterienarten, die sowohl mit Sauerstoff, also im aeroben Bereich, als auch ohne Sauerstoff, unter anaeroben Umständen, überleben können.

Die Funktion der Bakterien lässt sich ebenfalls in wenige Bereiche gliedern. Wissenschaftler unterteilen sie in die folgenden Gruppen: Gesundheitsfördernde, Kommensale und Krankheitserreger. Gesundheitsfördernde Bakterien sind, wie man am Namen unschwer erkennen kann, gut für die Gesundheit von Mensch und Tier. In der menschlichen Darmflora befinden sich Bakterien, die wichtige Substanzen und Enzyme für den menschlichen Körper herstellen. Außerdem sitzen einige Bakterien im Darm und helfen bei der Verdauung. Aber auch auf der Haut befinden sich hilfreiche Bakterien, denn unsere Hautflora ist sehr empfindlich und kann zum Beispiel durch starkes Schrubben beim Duschen nachteilig gestört werden. Dem wirken die Bakterien entgegen. Aber die gesundheitsfördernden Bakterien sind auch dazu da, krankheitserregende Keime abzuwehren, um so Infektionen zu verhindern. Dafür sind vor allem die Bakterien in den Schleimhäuten, wie der Mundschleimhaut, zuständig. Wenn es nicht genügend gesundheitsfördernde Bakterien gibt, wirkt sich dies negativ auf den Körper aus. Aber auch zu viele dieser Bakterien tun uns nicht gut. Es ist außerdem wichtig, dass die jeweiligen Bakterien da bleiben, wo sie hingehören, und nicht einfach ihren Aufenthaltsort wechseln.

Die zweite Gruppe an Bakterien sind die Kommensalen. Man könnte sie auch einfach als neutralen Bakterien bezeichnen, denn sie leben zwar auf und in dem menschlichen Körper, haben aber weder positive noch negative Auswirkungen auf ihn. Die dritte Gruppe der Bakterien sind die Krankheitserreger und diese will man natürlich nicht haben, denn sie haben einen schlechten Einfluss auf den Körper und schaden ihm, indem sie zum Beispiel Infektionen verursachen. Krankheitserreger können auch Krankheiten wie Lungenentzündungen, Keuchhusten oder Scharlach übertragen. Die häufigste Art der Übertragung von Krankheiten ist die Tröpfcheninfektion. Aber auch über Blut, Urin, Wasser oder Luft können sie übertragen werden. Wenn Sie das wissen, dann haben Sie gute Voraussetzungen, sich vor ansteckenden Krankheiten zu schützen, und wenn Sie noch mehr darüber wissen wollen, folgen am Ende des Kapitels einige Tipps für Sie, um die Ansteckungsgefahr übertragbarer Krankheiten zu vermindern.

Tipps, um die Ansteckungsgefahr übertragbarer Krankheiten vermindern:

- Statistisch gesehen, infizieren sich die meisten Menschen über ihre Augen: Berühren Sie also nicht mit ungewaschenen Händen Ihre Augen.

- Abstand halten von niesenden Menschen: Forscher des Massachusetts Institute of Technology fanden heraus, dass Krankheitserreger beim Niesen bis zu zwölf Meter weit fliegen können.

- Öffentliche Toiletten vermeiden, denn dort tummeln sich häufig besonders viele Viren und Bakterien.

- Schützen Sie nicht nur sich, sondern auch andere: Bei Anzeichen einer Erkältung oder anderen ansteckenden Krankheiten bleiben Sie zu Hause und umgehen Sie unnötigen Körperkontakt zu Ihren Mitmenschen.

- Häufiges Händewaschen: Die Hände berühren tagtäglich unzählige Oberflächen, auf denen sich zahlreiche Viren und Bakterien und somit mögliche Krankheitserreger tummeln. Waschen Sie diese deshalb regelmäßig.

Ernährung

FOTOSYNTHESE – WENN PFLANZEN HUNGER HABEN

Der Begriff der Fotosynthese wird zumeist nur mit Pflanzen verbunden, doch auch für uns Menschen ist er ein unfassbar wichtiger Prozess, denn würden die Pflanzen den Prozess der Fotosynthese nicht betreiben, so wäre das Leben, wie wir es auf der Erde kennen, nicht möglich und Sie hätten nicht die Möglichkeit, diese Zeilen zu lesen – denn Sie würden nicht existieren. Um zu erklären, wieso die Fotosynthese so unverzichtbar für Pflanze, Mensch und Tier ist, müssen wir uns diesen Prozess einmal genauer ansehen.

Die Fotosynthese ist ein biochemischer Prozess, der in den Chloroplasten der Blattzellen abläuft. Damit der Prozess der Fotosynthese ablaufen kann, braucht die Pflanze Licht, Wasser und Kohlenstoffdioxid. Dies sind die Ausgangsstoffe und sie reagieren zu den Produkten Glukose und Sauerstoff. Das bedeutet, die beiden Stoffe Wasser und Kohlenstoffdioxid werden umgewandelt und dabei entstehen zum einen Glukose und zum anderen Sauerstoff. Die Pflanze interessiert sich hierbei mehr für die Glukose als für den Sauerstoff. Der Sauerstoff, der in dieser Reaktion also nur ein Nebenprodukt ist, wird deshalb über die Blätter in die Umgebung abgegeben, während die Glukose von der Pflanze für die Produktion von Fetten und Eiweißen benötigt wird. Es handelt sich bei der Glukose um einen weißen und wasserlöslichen Stoff mit süßem Geschmack, um einen sogenannten Einfachzucker, der unter anderem in Obst und Gemüse vorkommt.

Die Fotosynthese ist eine biochemische Reaktion und für solche Reaktionen wird immer Licht benötigt. Damit die Fotosynthese also überhaupt ablaufen kann, braucht die Pflanze Lichtenergie, die meist in Form von Strahlungsenergie der Sonne vorliegt. Für die Aufnahme des Sonnenlichts ist der grüne Farbstoff Chlorophyll verantwortlich, der sich in den Chloroplasten befindet. Ohne Chlorophyll wäre somit keine Fotosynthese möglich. Nach der Aufnahme des Sonnenlichts wird dieses in chemische Energie umgewandelt und die Fotosynthese erfolgt. Man spricht hier von einem Prozess der Stoffumwandlung, denn Kohlenstoffdioxid und Wasser werden in Glucose und Sauerstoff umgewandelt, und gleichzeitig von einem Prozess einer Energieumwandlung, denn die Energie des Sonnenlichts wird in chemische Energie umgewandelt.

Zu Beginn der Erdgeschichte durchliefen erstmals Algen und Bakterien den Prozess der Fotosynthese. Da der dabei entstandene Sauerstoff von der Pflanze nicht gebraucht und aus diesem Grund in die Umgebung abgegeben wurde, konnte eine sauerstoffhaltige Atmosphäre entstehen – das ist bekanntermaßen Voraussetzung für das Leben, wie wir es heute auf der Erde kennen, denn wir Menschen benötigen eine Atmosphäre, wie wir sie haben, die sich zu etwa 21 % aus Sauerstoff zusammensetzt. Kohlenstoffdioxid hingegen sollte nur in geringen Mengen vorhanden sein und auch dafür sorgen die Pflanzen, denn der für die Fotosynthese benötigte Kohlenstoffdioxid wird aus der Luft in die Chloroplasten aufgenommen und dort zusammen mit Wasser in Sauerstoff und Glukose umgewandelt. Die Pflanzen sind also wie eine Art Luftfilter: Die unerwünscht großen Mengen an Kohlenstoffdioxid werden reduziert und die benötigte Menge Sauerstoff wird daraus produziert. Wir müssen also immer daran denken: Wenn wir den Wäldern und Wiesen der Erde schaden, so schaden wir auch uns Menschen, denn wir sind genauso von der Fotosynthese abhängig wie die Pflanzen.

ERNÄHRUNG DES MENSCHEN – WENN MENSCHEN HUNGER HABEN

Die menschliche Ernährung dient der Aufnahme von Lebensmitteln in Form von Trinkwasser oder Nahrungsmitteln. Ob die Nahrungsmittel, für die der Mensch ursprünglich geschaffen ist, rein pflanzlicher Natur sind oder auf dem Verzehr von Fleisch beruhen, wurde lange Zeit erforscht. Nach dem heutigen Wissensstand ist der moderne Mensch, der Homo Sapiens, von Natur aus weder ein reiner Fleischfresser noch ein reiner Pflanzenfresser. Wir gehören zu den Allesfressern, den sogenannten Omnivoren. So haben unsere Vorfahren lange Zeit auch als Jäger und Sammler gelebt. Sie haben Tiere gejagt und deren Fleisch erbeutet und mit der Zeit auch angefangen, dieses mithilfe des Feuers zu kochen. Allerdings haben sie auch viel Zeit damit verbracht, Früchte zu sammeln, Beeren zu pflücken oder Kräuter zu entdecken. Durch unsere omnivore Lebensweise, nach der wir uns sowohl von Fleisch als auch von Pflanzen ernähren können, hatten wir modernem Menschen in der Vergangenheit viele Vorteile, die sich auch heute noch zeigen, denn durch unsere Flexibilität, was unsere Ernährung anbelangt, ist es uns möglich, uns in fast jedem Ökosystem, das unsere Erde hergibt, anzusiedeln und diesen als Lebensraum zu erschließen, in dem wir auch über lange Zeiträume hinweg überleben. So siedelten sich Menschen in kalten Regionen wie Grönland an, in denen keine oder nur sehr wenige Pflanzen wachsen. In diesen Gebieten wichen die Menschen deshalb auf eine Ernährung aus, die überwiegend aus Fleisch bestand. Sie jagten die dort lebenden Tiere oder angelten Fische. Diese Menschen, die Inuit, leben auch heute noch überwiegend von Fleischkonsum.

In anderen Gebieten hingegen haben die Menschen so fruchtbare Böden, dass sie sich überwiegend der pflanzlichen Ernährung hingeben.

Durch solche geologisch und kulturell bedingten Unterschiede gibt es heute unzählig viele verschiedene Ernährungsformen. Welche davon die Beste ist, lässt sich nicht sagen, denn all diese Ernährungsformen setzten sich über lange Zeiträume hinweg erfolgreich durch und decken in der Regel wohl den nötigen Bedarf an Nährstoffen. Die eine richtige Ernährung gibt es also nicht. Doch es gibt eine Vielfalt an Substanzen, die in der Nahrung enthalten sein sollten, um den menschlichen Organismus gesund und leistungsfähig zu erhalten. Kommt es hingegen zu dem Ausfall an nur einem Spurenelement oder Vitamin, kann dies, wenn es ein dauerhaft andauernder Zustand ist, sogar zum Tod führen. Es ist deshalb wichtig, die Grundpfeiler einer ausgewogenen und reichhaltigen Ernährung zu kennen.

Einen wichtigen Bestandteil der Ernährung stellen die Kohlenhydrate dar. Sie bilden zusammen mit Fetten und Eiweißen die Energiequelle für den Körper. Kohlenhydrate sind als Energiequelle die wertvollste, denn es braucht für ihre Verbrennung weniger Sauerstoff als bei der Verbrennung des Fettes benötigt wird. Außerdem liefern die Kohlenhydrate dem Körper sehr schnell Energie, Fette hingegen weniger schnell. Nach Empfehlung der Deutschen Gesellschaft für Ernährung (DGE) sollten Kohlenhydrate etwa 55 %, also den überwiegenden Teil, des Energiebedarfs decken.

Neben den Kohlenhydraten sollten auch noch Proteine, also Eiweiße, eine Rolle in der Ernährung spielen, denn auch Proteine dienen dem Körper zur

Energiegewinnung, jedoch nur zu geringem Anteil, denn vielmehr sind sie für den Aufbau von Zellen und Muskeln wichtig. Neben den tierischen Proteinquellen wie Eiern, Milch und Fleisch gibt es auch sehr proteinreiche Pflanzen, zu denen unter anderem Hülsenfrüchte wie Bohnen, Linsen und Erbsen gehören. Besonders Menschen, die bei ihrer Ernährung auf tierische Produkte verzichten wollen, sollten auf proteinreiche Pflanzen zurückgreifen, um den Bedarf des Körpers an Proteinen zu decken.

Fette sind ebenfalls eine Energiequelle, deren Energiegewinnung allerdings weniger effektiv ist und vor allem auch sehr langsam abläuft. Solange also Kohlenhydrate vorhanden sind, werden die als Körperfett gespeicherten Fettreserven nicht zur Energiegewinnung benötigt und dementsprechend auch nicht genutzt. Fette sind allerdings auch sehr wichtige Bestandteile zur Bildung weiterer Körperstoffe. Außerdem sind sie für den Transport von Stoffwechselprodukten und Nährstoffen sowie für die Regeneration der Zellen wichtig. Fettreiche Nahrungsmittel sind Fisch, Käse, Milch, Eier, Avocado, Nüsse und Öle. Bei Fetten ist es allerdings auch wichtig, darauf zu achten, keinen übermäßig hohen Konsum zu entwickeln, da überschüssiges Fett sich ansammelt und zu

Übergewicht führt. Ganz fehlen sollte das Fett allerdings auch nicht. Hier gilt es, ein gesundes Maß zu finden.

Einen Anteil von 0,01 % an der Körpermasse machen die Mineralstoffe aus. Das klingt wenig und erscheint dadurch unwichtig, ist es aber nicht, denn Mineralstoffe wie Kalzium oder Magnesium sind am Aufbau von Knochen und Zähnen beteiligt. Ebenfalls regulieren sie den Blutdruck und die Nerven- sowie die Muskelfunktion. Wenn man vorübergehend nicht genügend Mineralstoffe zu sich nimmt, kann der Körper das gut ausgleichen. Er scheidet dann einfach weniger Mineralstoffe aus und nimmt einen größeren Anteil von ihnen aus dem Darm auf. Wenn der Mangel allerdings über längere Zeiträume anhält, leidet darunter das Immunsystem. Es wird schwächer und man wird somit anfälliger für Krankheiten.

Fast jeder weiß es: Die Vitamine dürfen ebenfalls nicht in einer guten Ernährung fehlen. Sie stecken allerdings nicht nur, wie viele Menschen glauben, in Früchten. So wird zum Beispiel Vitamin D von der Sonne geliefert, Vitamin B_1 von Schweinefleisch oder Vollkornprodukten. Bei einem Mangel an Vitaminen, beziehungsweise wenn eines oder mehrere Vitamine nicht im Körper vorhanden sind, kann die sogenannte

Avitaminose auftreten, die Vitaminmangelkrankheit. Trotz des reichen Nahrungsangebots in Deutschland leiden immer mehr Menschen unter einer Avitaminose. Symptome hierfür sind vielfältig. Es kann zum Beispiel eine mangelnde Konzentrationsfähigkeit auftreten, ebenso wie Schlafstörungen oder Erschöpfung. Auch durch Herzkreislaufstörungen, Blutarmut und brüchige Knochen kann sich die Avitaminose bemerkbar machen. Körperlich direkt sichtbar sind bei dieser Mangelerscheinung Haarausfall, rissige Fingernägel und ausfallende Zähne. Die psychische Komponente, die diese körperlichen Symptome mit sich ziehen, darf auch nicht außer Acht gelassen werden. Dennoch ist das kein Grund zur Panik, denn wenn ein Arzt herausgefunden hat, welches Vitamin dem Körper fehlt, kann die Behandlung beginnen und die Erfolgsaussichten sind gut.

Ausreichend zu trinken, ist selbstverständlich ebenfalls sehr wichtig und essenziell für den Körper. Besonders, wenn man durch Sport oder hohe Temperaturen stark schwitzt, ist es wichtig, dem Körper das in Form von Schweiß verbrauchte Wasser wieder zuzuführen. Etwa 40 Milliliter Wasser benötigt der Mensch pro Kilogramm Körpergewicht.

Insgesamt ist es wichtig, bei seiner Ernährung auf das gesunde Maß der einzelnen Nährstoffe zu achten, um den Bedarf zu decken, aber, etwa bei den Fetten, nicht stark zu überschreiten. Weder zu viel noch zu wenig ist gut für den Körper. Als Unterstützung für eine gesunde und ausgewogene Ernährung finden Sie am Ende dieses Kapitels eine Tabelle als Hilfestellung.

Nährstoff	Vorkommen
Fette	Walnüsse, Avocado, Olivenöl, Rapsöl, Pistazien, Käse, Mozzarella, Margarine, Butter, Wurst
Kohlenhydrate	Nudeln, Naturreis, Brot, Haferflocken, Kartoffeln, Schwarzbrot, Vollkornbrot
Eiweiße	Pute, Hähnchen, Magerquark, Fisch, Tofu, Linsen, Kichererbsen, Naturjoghurt, fettarme Milch
einige Mineralstoffe **Fluor** **Eisen** **Kalzium** **Jod** **Magnesium** **Zink**	Schwarzer Tee Geflügel, Ei, Fisch Milch, Käse, Mandeln Meeresfrüchte, Jodsalz Honig, Spinat, grünes Gemüse Sonnenblumenkerne, Milch, Ei
Vitamin A	Eigelb, Spinat, rote Paprika
Vitamin B_1	Schweinefleisch, Vollkornprodukte, Erbsen
Vitamin B_2	Milchprodukte, Fisch, Brokkoli, Fleisch
Vitamin B_3	Fleisch, Ei, grünes Blattgemüse

Vitamin B$_5$	Sonnenblumenkerne, Pilze
Vitamin B$_6$	Fleisch, Avocado, Walnüsse, Kartoffel
Vitamin B$_7$	Hefe, Linsen, Eigelb
Vitamin B$_9$	Orangen, Kohl, Salat, Spinat
Vitamin B$_{12}$	Fleisch, Milchprodukte, Ei, Fisch
Vitamin C	Paprika, Schwarze Johannisbeere, Zitrusfrüchte, Brokkoli
Vitamin D	UV-Strahlung → kann so vom Körper selbst hergestellt werden
Vitamin E	Nüsse, pflanzliche Öle, Butter
Vitamin K	Spinat, Kohl

Die Antworten auf die Fragen während des Buches:

*Die genetische Übereinstimmung eines Menschen und eines Schimpansen beträgt 99,4 %.

**Hätte Mendel anstatt der Erbsenpflanze eine Kuh für seine Forschung gewählt, dann hätte er viel länger warten müssen, ehe er die nachfolgenden Generationen bezüglich der vererbten Merkmale untersuchen könnte, denn es dauert Jahre, bis eine Kuh erwachsen ist und ein Kalb zur Welt bringt. Bei den Erbsenpflanzen hingegen geht dies viel schneller. So wurden es also die Erbsen, die für Mendels Experimente hinhalten mussten.

***Bei der Vererbung der Augenfarbe handelt es sich um einen dominant-rezessiven Erbgang: Die braune Augenfarbe ist gegenüber der blauen Farbe dominant, deshalb setzt sich das Allel für die braune Augenfarbe durch und das Kind bekommt braune Augen. Das ist auch der Grund, wieso blaue Augen seltener sind als braune, denn um blaue Augen zu haben, braucht man zweimal das Merkmal für blaue Augen. Bei braunen Augen hingegen genügt es, wenn das Merkmal nur einmal vorhanden ist, denn es ist dominant. Aber Achtung: Das bezieht sich nur auf die Augenfarbe und bedeutet nicht, dass die blaue Farbe in der Natur immer rezessiv gegenüber der braunen Farbe ist!

Herstellung und Verlag:

BoD – Books on Demand, Norderstedt

ISBN: 9783755727583

© Malinde Bachmann 2021

1. Auflage

Kontakt: Psiana eCom UG/ Berumer Str. 44/ 26844 Jemgum

Covergestaltung: Fenna Larsson

Coverfoto: depositphotos.com